낙동강 1300리 길을 걸으며

낙동강 1300리 길을 걸으며

펴 낸 날   2020년 12월 14일

지 은 이   한봉암
펴 낸 이   이기성
편집팀장   이윤숙
기획편집   윤가영, 이지희, 서해주
표지디자인 이지희
책임마케팅 강보현, 김성욱
펴 낸 곳   도서출판 생각나눔
출판등록   제 2018-000288호
주   소   서울 잔다리로7안길 22, 태성빌딩 3층
전   화   02-325-5100
팩   스   02-325-5101
홈페이지   www.생각나눔.kr
이 메 일   bookmain@think-book.com

• 책값은 표지 뒷면에 표기되어 있습니다.
  ISBN 979-11-7048-163-8 (03980)

• 이 도서의 국립중앙도서관 출판 시 도서목록(CIP)은 서지정보유통지원시스템 홈페이지
  (http://seoji.nl.go.kr)와 국가자료공동목록시스템(http://www.nl.go.kr/kolisnet)에서 이용
  하실 수 있습니다(CIP제어번호: CIP2020049800).

낙동강
1300리 길을 걸으며

트래킹 작가 한봉암

인생이 지나가는 과정에서
소중하고 의미 있는 것을 찾아 도전하는 이야기

생각나눔

| 목차 |

| 목차 |

| 목차 |

추천의 글

문학평론가 박인수

태백은 서해로 흘러가는 한강과 남해로 흘러가는 낙동강과 동해로 흘러가는 오십천의 발원지가 있는 시원(始原)의 도시이다. 백두대간의 한 가운데에 위치한 삼수령(三水嶺)이라는 고개에서 시작된 물은 우리나라의 핏줄이 되어 오늘도 역사의 애환을 담고 흘러가고 있다. 이런 태백에서 나고 자란 봉암 형님이 병원에 근무하면서도 틈틈이 한강을 걸어서 2018년에 "한강, 1300리 길을 걷다"라는 책을 내더니, 퇴직을 하고 낙동강을 23일 동안 걸어서 새롭게 책을 내겠다며 당신 삶의 의미를 담은 원고를 나에게 보여 주었다.

한강을 걸었을 때는 우리나라 역사의 애환을 많이 담고 있었는데, 낙동강을 걸었을 때는 당신이 살아온 삶을 낙동강을 걸으며 되돌아본 이야기를 담고 있었다. 65년 삶을 살아오면서 겪은 수많은 애환을 낙동강 흐르는 물에 종이배를 띄우듯이 하나씩 하나씩 써 내려간 글을 보며 가슴이 뭉클했다.

월드비전 세계 시민 학교장인 한비야님은 이렇게 강연을 하곤 했다.

"낯설고 거친 길 한가운데서 길을 잃어버려도 물어 가면 그만이다. 물을 이가 없다면 헤매면 그만이다. 중요한 것은 자신의 목적지를 절대 잊지 않는 것이 중요하다. 지금 오르막길을 오르고 있으니까 침이 마르고 종아리가 당기는 것은 당연하다. 마침내 오르고 나면 시야가 확 뚫린다. 인생에서 쓸데없는 시간이란 없다. 당혹감, 쓸쓸함, 열등감들은 나중에 다 에너지가 된다."고.

우리는 하루하루를 살아가면서 때론 길을 잃기도 하고 없는 길을 찾아 헤매기도 한다. 우리의 삶 속에서 우러나는 경험의 길을 지도에 나타내 그릴 수는 없는 일이지만 단 하루도 길을 가지 않는 날은 없다. 다만 가는 목적지를 잃지 않는 것이 정말 중요하다. 봉암 형님은 황지 연못에서 시작해서 1300리 길을 걸어 낙동강 하굿둑을 바라보며 걸었다. 목적지를 잃지 않고 23일간 그 힘든 길을 걸었다는 것에 깊은 찬사를 보낸다.

본래 낙동(洛東)이란 가락(가야)의 동쪽이라는 데에서 유래되었다고
한다. 영남 지방의 거의 전역을 휘돌아 남해로 들어가는 낙동강은 가야
와 신라에서 비롯된 민족의 애환과 정서가 서려 있고, 임진왜란과 6 25
전쟁의 비극을 간직하고 있는 아픔의 강이다. 하지만 6 25전쟁 당시 낙
동강 전선을 구축하고 이 마지막 보루를 지킨 덕분에 대한민국이 지금처
럼 성장할 수 있는 기반을 다진 곳도 바로 이 낙동강이었다. 이런 역사적
애환을 담은 낙동강을 걸으며 낙동강에 뿌려진 수많은 영령들의 핏방울
을 가슴에 새긴 시간이었으리라 짐작해 본다.

길을 걷는 것과 같은 것이 삶이라면, 삶이 항상 행복한 것은 아니다.
때론 불행의 나락에서 고통스럽기도 하고 물 한 모금 없이 한여름 뙤약
볕 아래를 걸어야 하는 외로운 여정일 수도 있다. 그러나 중요한 것은
칠흑 같은 어둠이라고 할지라도 한줄기 작은 빛줄기를 잃으면 안 된다
는 것이다.

이 책은 그런 작은 빛줄기를 간직하며 길을 걸은 한 사내의 이야기이다. 어느 순간에는 아들이었고, 또 어떤 순간에는 남편이고 아버지였으며, 또 어떤 순간에는 외로운 삶을 살아온 한 남자의 이야기는 바로 당신의 이야기일 수도 있다는 생각으로 이 책을 열기를 바란다.

누구나 마음속에 꿈을 품고 살지 않는 사람은 없을 것이다. 그 꿈을 잃지 않는다면 미운 오리가 우아한 백조가 될 날이 오리라 믿는다. 봉암 형님이 1300리 길을 걸어 꿈을 이루었듯이 이 책을 여는 당신도 당신만의 길을 걸어 당신의 꿈을 이루기를 진심으로 바란다.

책을 내며

1977년 7월 1일에 지방 공무원으로 임용되어 강원도 삼척군 보건소를 첫 직장으로 근무를 시작하였다. 몇 번의 직장 변동과 다른 직업을 거쳐 2019년 12월까지 만 42년의 직장 생활을 마무리하려 하니 많은 생각을 하게 되었고, '인생이 지나가는 과정에서 소중하고 의미 있는 것이 없을까?' 하는 생각 끝에 낙동강 발원지인 강원도 태백의 황지 연못에서 낙동강이 소멸되는 부산 다대포 낙동강 하구까지 걸어서 완파해보자는 생각이 들었다.

나이 65세, 사회에서 인정하는 공식적인 노인 연령이지만, 홀로 낙동강을 걸으면서 젊은이 못지않은 체력이 있다는 자신감도 갖고 인생을 되돌아보는 기회로 삼자는 결심을 하게 되었다.

4년 전에 태백에 있는 한강 발원지인 검룡소에서 인천 정서진에 있는 인천 서해 갑문까지 한강 길을 도전하여 한강 1300리 길을 완파하였다. 이에 한강 길을 도전하여 걷고자 하는 젊은 사람들에게 조금이나마 도

움이 되고자 걸어왔던 한강 길을 자세하게 안내하여 걷다가 갈림길이거나 삼거리 등 헷갈릴 수 있는 길에는 올바른 길의 방향을 제시하기 위해 책을 내었다. 강을 따라 걷다 보면 강줄기만을 따라 걸을 수 없는 상태에서는 산을 넘어 강 따라가고 내륙 쪽으로 도로를 하루 종일 걷기도 하는데, 고생이 되더라도 산과 강이 허락하는 한 최대한 강줄기를 따라 걷자는 일념으로 걷게 되었고, 이번에도 올바른 길을 안내하고 시행착오 없이 순조롭게 낙동강 길을 완주하는 데 도움이 되고자 하는 바람이며, 낙동강 길을 걸으면서 조금은 별스러웠던 주위의 에피소드와 나의 가슴 깊숙한 곳에 자리 잡고 있으면서 숨어 지내는 것들을 끄집어내었다. 이러한 것들이 치졸한 내용이 되어 하고 싶지 않은 얘기일 수도 있고, 극히 평범하거나 조잡스럽고 유치한 글이 되더라도, 낙동강이 흐르는 지역의 올바른 길을 안내하면서 이를 표현하고자 하는 마음이 앞서기에 이 책을 읽으시는 분들의 넓은 아량으로 헤아려 주시기를 새삼 바랍니다.

저자 한봉암

낙동강 1,300리 길을 걸으며

1일 차

태백 황지 연못에서 동점 구문소까지

1일 차,
태백 황지 연못에서 동점 구문소까지

✏️ 너덜샘과 황지연못

　민족의 영산으로 알려져 있는 태백산에는 우리나라 강토의 젖줄인 서해로 흐르는 한강과 남해로 흐르는 낙동강 시원(始原)의 물길이 이곳 태백산에서 백두대간 지하수가 용솟음치듯 올라와 세상 구경을 처음 하는 듯이 졸졸 흐르며 메마른 대지 위를 적시면서 거대한 강의 발원이 된다. 낙동강의 발원지가 사람들의 생각에 따라서 함백산에 있는 너덜샘이라 하고, 태백의 황지연못이라고도 하는 생각의 관점에 따라 다르게 얘기하는듯하다. 너덜샘은 함백산 두문동재 바로 아래에 위치해 있으며

　이곳 두문동재는 해발 1,286m이며 우리나라에서 가장 높은 재로서 태백산과 함백산이 서로 맞닿은 곳에 있다. 이곳은 옛날에 싸리나무가 그 주위에 많았다 하여 싸릿재라고도 한다. 두문동재라는 지명의 유래는 '두문불출'(杜門不出)이라는 한자성어와 관련이 있다. 옛날 조선 초기 때 고려의 충신들이 이씨 조선 태조 이성계를 피해 이북의 조상 대대로 내려온 고향땅을 버리고 숨어 지내면서 강원도 정선 땅에까지 흘러들어오게 되었으며, 이곳에 이르러 초근목피(草根木皮)로 두문불출했다고 하

여 이곳을 두문동재라고 부르게 되었다. 특히 이곳 너덜샘(해발 1190m) 주위에는 꽤나 넓은 평지를 이루고 있는 야영장이 있다. 여름이면 캠핑카와 텐트촌으로 꽉 차 있어 영화에서 본 듯한 유럽 보헤미안 집시촌을 연상케 한다.

여름 내내 초록의 풀 내음이 가득하고, 시원한 산들바람이 몸을 에워싸는 듯한 상쾌함이 밀려온다. 너덜샘 야영지에서 얼마 안 떨어져 있는 우리나라에서 제일 큰 고랭지 채소밭인 매봉산이 있고, 거기에 관광 코스로 알려진 바람의 언덕이라 부르는 풍력 단지가 보인다. 또한 이곳은 한여름 밤에도 담요를 덮지 않으면 추워서 잠을 이룰 수 없는 서늘함에 모기나 파리가 없고 불을 켜 놓으면 나방이나 하루살이 등이 가끔 날아들 뿐이다. 밤하늘에는 빛을 발하는 별들이 총총히 박혀있고, 아주 조용한 풀벌레 소리와 바람 소리만이 흐르는 듯한 자장가처럼 들린다.

황지 연못은 태백 시내의 중심가에 위치한 연못 공원으로서 이곳이 낙동강 발원지라는 것에 대해 태백 시민 모두가 긍지를 느끼는 곳이기도 하다. 연못 지하에서 솟아오르는 샘물은 용이 물을 내뿜은 듯한 느낌을 주면서 하루에 오천 톤 이라는 어마어마한 양의 지하수가 솟아오르고 있다. 그물이 시내를 지나 자연스럽게 낙동강 최상류인 황지천으로 흘러가는 물길을 볼 수가 있다.

낙동강 1,300리의 시작점인 연못은 전설에 의해 이곳 지명이 황지(黃池)라고 불릴 정도로 중요한 곳이다. 지금은 연못 공원이면서 관광지이면서 시민들의 쉼터이지만, 예전 1970년대까지는 삼척군 장성읍 황지리였을 때의 황지 사람들이 연못의 물을 길어서 식수로 사용할 뿐만 아니라 물이 필요한 일에는 연못의 물을 사용할 정도로 큰 연못이었다. 지금은 하장이라는 곳에 광동 댐이 세워져 댐의 물을 상수원으로 사용하고 있기 때문에 황지 연못은 낙동강 발원지라는 상징적인 의미로 널리 알려져 있고 관광지로서의 역할을 하고 있다. 또한 황지 연못은 우리나라 모든 교과서에 실릴 정도로 유명한 전설을 담고 있는 유서 깊은 곳이기도 하다. 옛날 옛적에 황(黃) 씨 성을 가진 황부자라는 사람이 지금 연못이 있는 터에 큰 기와집을 짓고 살았다고 한다. 황부자는 심술궂고 놀부에 비견될 정도로 욕심이 많은 사람이었다고 한다. 하지만 전설이라고 하는 줄거리에는 확실한 복선이 깔리듯이 심술궂고 욕심 많은 황부자에게 마음씨 착한 며느리가 있었다고 한다. 어느 날 이곳을 지나던 어떤 노스님이 황부자 집에 와서 시주를 청했지만, 시주는커녕 오히려 스님의 시주 바구니에 쇠똥을 한 바가지 퍼 담아 주었다고 한다. 노스님은 그의 못된 행동을 보고 아무 말 없이 그 쇠똥을 버리고 돌아서려고 하는데, 착한 며느리가 쌀을 자루에 담아 가지고 와서는 스님에게 사죄의 말과 함께 시아버지 몰래 주었다고 한다. 그러자 스님은 착한 며느리를 보고 지금 당장 아기를 업고 이 집을 떠나라고 하면서 "가다가 뒤에서 어떤 소리가 들리더라도 뒤를 돌아 봐서는 안 된다."고 했다. 며느리는 스님의 말을 듣고는 아기를 업고 급히 떠나는데 때마침 그 집에서 키우던 누렁이 개가 따라 나와서 며느리를 따라나서게 되었다. 며느리가 걸음을 재촉하며 지금의 통리 고개를 지날 즈음에 갑자기 벼락이 치는 소리가 엄청나게 크게 나서 스님이 당부하였던 말을 잊어버리고 며느리는 그만 뒤를 돌아보고 말았는데 황부자의 집에 벼락이 쳐서 그 기와집이 함몰되고 있었다고 한다. 그리고 뒤돌아본 아기를 업고 있는 며느리는 그 자리에서 그만 돌이 되어 버렸고, 그 옆을 따르던 누렁이도 돌이 되었다고 한다.

　　황부자 집은 벼락을 맞아 함몰되고 그 집터에는 큰 연못이 생겼는데 그 연못이 황부자의 성을 딴 황(黃) 자와 못 지(池) 자를 따서 황지(黃池) 라고 불리게 되었다. 지금도 황지 연못 가운데는 벼락을 맞은 큰 나무가 있고, 통리 고개에는 아기를 업은 며느리와 누렁이를 닮은 바위가 남아 있어 황지 연못의 전설이 더욱 진짜처럼 전해 내려오고 있다. 황지 연못 은 이렇게 슬픈 전설을 담고 1,300리 낙동강의 발원지가 되어 메마른 대 지 위에 생명수(水)를 뿌려 가며 유유히 남쪽으로 흐르고 있다.

🪨 탄광의 상징, 수갱타워

　낙동강 최상류인 황지천을 따라 내려가다 보면 왼쪽으로 거대한 강철로 된 높이 솟아오른 타워를 만나게 된다. 그것은 탄광의 상징인 수갱 타워라 한다. 수갱 타워에는 강철로 된 로프가 설치되어 있어 해수면에서 375m까지 내려가는 수직갱의 엘리베이터 역할을 하는 곳이다. 태백의 지형 높이가 600m인 것을 감안하면 약 1km 정도의 땅속으로 내려간다.

　내려가면서 대략 75m 정도마다 기점으로 해서 수평으로 탄맥을 따라 탄을 캐며 들어가게 되는데 작업을 하는 광부들과 거기에 필요한 각종 자재를 운반하고 캐어낸 탄을 운반하기도 한다. 지금은 탄광업이 사양길에 있어 운행하지 않고 홀로 쓸쓸히 서 있어 과거의 애환이 서려 있는 탄광의 상징이 되고 있다. 그리고 탄광에 대해서 잘 모르는 분들은 멀리서 보이는 수갱

타워가 번지 점프하는 타워인가? 하고 오해하는 경우도 종종 있다.

🖋 비와야폭포와 구문소

황지천이 장성천으로 바뀌면서 태백산 깊은 계곡에서 내려오는 문곡
천과 금천(일명 거무내미)이 합류하여 꽤 큰 폭의 물줄기를 따라 내려오
면 하장성이라는 곳에는 북쪽에서 깊은 산자락을 따라 내려오는 폭포
가 있다. 이 폭포는 높이가 약 40m 정도 되어 꽤나 높은 폭포를 만나게
된다. 일명 '비와야 폭포'이다.

나는 처음 이 폭포 이름을 들
었을 때 어떻게 '비와야'라는 예쁜
이름을 가졌을까? 하고 생각했는
데 비가 와야만 폭포수가 쏟아진
다고 하여 이름이 비와야 폭포라
고 이야기를 듣고는 실망과 동시
에 크게 웃었던 기억이 난다. 가뭄
일 때는 폭포수의 자국만 남아 있
다가 비가 오면 엄청난 폭포수가
쏟아지는 장관을 이루고 있다. 잠
깐이나마 비와야 폭포를 감상하
고 강물을 따라 한참 걸으면 '동
점 구문소'라고 하는 곳에 강물
이 큰 산을 뚫고 지나가면서 큰

석문(石門)이 나온다. 그 석문은 일명 자개문이라 하여 자시(子時)에 열리고 축시(丑時)에 닫히는데 자시에 그 석문이 열릴 때 얼른 그 속에 들어가면 "사시사철 꽃이 피고 흉년이 없고 병화(病禍)가 없으며 삼재(三災)가 들지 않은 오복동(五福洞)이란 이상향(상상의 나라)이 나온다."라고 하였다. 그 오복동은 지금 황지, 장성 땅인 태백시 일원을 말하고, 석문은 낙동강이 산을 뚫고 지나간 뜻의 뚜루내[穿川]인 구문소의 크고 둥근 구름다리 형상의 석굴이 석문인 것이다.

중국의 도연명이라는 사람이 지은 『도화원기』라는 책에는 무릉도원이 나온다고 한다. 거기에도 도원향으로 가는 입구는 구문소처럼 생긴 것으로 쓰여 있다고 한다. 이상향으로 가는 길에는 꼭 석문이 있는데 우리나라에는 강원도 태백시에 있는 구문소의 석문이 대표적인 이상향의 관문으로 잘 알려져 있다고 한다.

이곳의 구문소은 천연기념물 제417호로 지정되어 있을 정도로 보호 가치가 높으며, 구문소 일대에는 석회암이 넓게 분포하고 있는데 석회암 은 물에 잘 녹는 특성을 가졌다고 한다. 이러한 특성을 통해 구문소의 석회암 벽이 흐르는 물에 쉽게 녹아 큰 구멍이 뚫려 새로운 물길이 생겨 났음을 짐작하게 한다. 그리고 이 일대뿐만 아니라 태백시 전역에 고생대 화석인 삼엽충과 조개 화석 등이 많이 발견되어 고생대 때에는 태백이 바다였음을 알려준다. 또한 구문소 바로 옆에는 거대한 암벽을 뚫어 태 백으로 통하는 길을 만들었는데- 지금은 새로운 터널을 뚫어 차량들이 편리하게 왕래할 수 있지만 -이 암벽 굴을 통하지 않고는 봉화나 영주 등 의 남쪽 지방 사람들이 태백으로 들어올 수 없는 유일한 통로이며 그 석 굴의 형상이 자개문(子開門)을 연상케 할 정도로 웅장하면서도 아름답다.

어디에든 유명한 명소가 있는 곳에는 전설이 있기 마련이다. 구문소에는 여러 개의 전설이 있는데 간략하게 몇 가지를 소개하고자 한다. 그 옛날 석벽을 사이에 두고 서쪽 황지천에 사는 백룡과 동쪽 철암천에 사는 청룡이 싸웠는데, 격렬히 싸우다 보니 그 결과 큰 구멍이 생겨 '구문(구멍)소' 라 불렀다. 그래서 지금도 구문소에 흘러 들어가는 물길은 용들이 꿈틀거리는 듯한 형태로 물이 급하게 흐르고 있다. 또 다른 전설은 황지천 상류에 아름드리 싸리나무가 많이 있는 싸리나무 골이 있는데 대홍수가 나서 몇백 년 된 싸리나무들이 요동을 치며 떠내려와 석벽을 쳐 구멍이 생겼다고 하는 것과, 중국 전설의 나라인 하나라의 우왕이 조선의 단군에게 치수(治水)를 배우려고 이곳 구문소까지 왔는데 우왕이 큰 장칼로 내리치는 실수를 저질러 바위에 구멍이 생겼다는 전설이 있다 또 엄종한이라는 사람의 백구 백병설이라 하여 옛날 동점 구문소 옆에 엄종한이라는 사람이 노부모를 모시고 가난하게 살고 있었다 한다. 그는 매일 구문소에 나가 그물로 고기를 잡아 노부모를 봉양하였는데 어느 날 그물이 없어져 그물을 찾다가 실족하여 구문소에 빠지고 말았다. 엄종한이 소(沼)에 빠져 깊은 곳까지 내려갔는데 용궁이 있는 그곳에 용왕님을 뵙고 용왕님의 은혜로 다시 물 밖으로 나왔다는 전설이 있다.

낙동강 1,300리 길을 걸으며

2일 차

동점 구문소에서 석포까지

2일 차,
동점 구문소에서 석포까지

🌀 버려진 강아지

　동점 구문소를 뒤로하고 황지천과 철암천이 합류하여 흐르는 강물을 따라 우리나라 최대의 아연을 생산하는 석포 제련소가 있는 방향으로 걸음을 재촉하였다.

　계속 걷다가 소변이 마려워 길옆 풀숲에 들어가 소변을 보고 있는데 바로 옆에 거칠게 보이는 까만 담요 같은 것이 둥글게 뭉쳐져 있는 것이 보였다. 소변을 다 보고 그것이 무엇인가 하고 가까이 가서 자세히 보니 약간은 움찔움찔하며 움직이는 듯한 느낌이 들었다. 그것은 새까만 털을 가진 강아지가 너무 추워서 움직이지 않고 바짝 웅크리며 엎드려 있는 것이다. 그래서 그 강아지를 유심히 살펴보니 며칠을 추위와 공포에 떨며 아무것도 먹지 못해 기력이 전혀 없는 듯하였다. 등을 살짝 만져 봐도 약간의 미동만 있고, 으르렁거리는 소리는 전혀 내지 않았다. 순간 누군가가 강아지를 버린 것이라는 직감이 왔다. 도대체 무슨 잘못이 있다고 이 추운 초봄에 강아지를 풀숲에 무심히 버릴 수 있는가? 생각하니 너무나 불쌍한 생각이 확 밀려오는 것이다. 나는 먼길을 걷고 있는데 이 강아지를 어떻게 처리해야 하나 하고 곰곰이 생각해 보았지만 아무런 방법이 없었다. 그냥 그 자리에 구부리고 앉아서 5분 정도 강아지만 바라보다가 강아지를 뒤로하고 길가로 내려와 버렸다.

가고자 하는 길을 갈 수밖에 없으면서 내가 지금 무엇을 하고 있는 것인가? 배고픔과 추위에 떨며 죽어 가고 있는 강아지를 그냥 버려두고 내 갈 길을 걷고 있다고 생각하니 내가 그 강아지를 죽이는 것 같았고, 큰 죄를 짓는 것 같아 그렇게 마음이 무거울 수가 없었다. 그러면서도 어

찌할 방법 없이 앞으로 걸었다. 그런데 10분 정도 걷다 보니 앞에 철길 건널목 초소가 보였다.

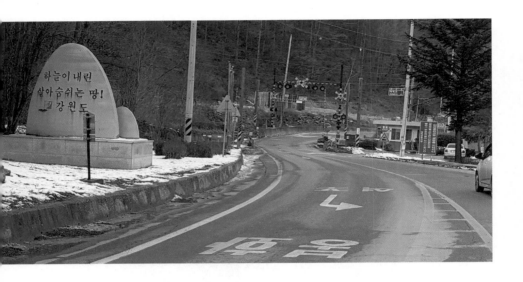

🖋️ 이분이 천사구나, 이런 분이

그곳을 본 순간 '강아지를 구할 수 있는 방법이 있겠구나!' 하는 기쁜 생각에 빠르게 걸어가 그 초소의 문을 두드리니 초소 안에서 사람이 나왔다. 그분에게 강아지에 관해 자초지종을 얘기하면서 그 강아지를 따뜻한 초소에 데리고 있다가 내일(그날은 일요일이었다.) 동물 보호소에 전화하면 안 되겠냐고 얘기했더니, 그분이 선뜻 나서며 그 강아지에게 가보자는 것이다. 천만다행이다 싶어 그 장소에 빠른 걸음으로 같이 가보니 강아지는 그대로 꼼짝도 않고 웅크리고 있었다. 그런데 나로서는 강아지에게 깨물릴까 봐 하지 못하는 행동을 그분은 강아지 등을 몇 번

부드럽게 쓰다듬더니 양손으로 가슴 쪽을 잡으며 일으켜 세우는 것이 아닌가? 그러면서 강아지를 안고 빠른 걸음으로 초소에 데려가서 컵에 물을 따라 주었더니 먹지 않는 것이다. 그래서 그분은 손가락에 물을 묻혀 강아지 입에 반복해서 적셔주는 것이다. 그리고 마침 책상에 있는 사탕을 망치로 잘게 부수어 강아지 입에 넣어 주는 것이다. 그러자 내 눈앞에는 기적 같은 상황이 벌어지고 있었다. 정말 강아지가 혀를 날름거리며 그분의 손가락을 핥는 것이 아닌가! 또한 비틀거리며 일어서려고 하고 있었다. 순간적으로 나의 마음에는 '천사가 따로 없구나! 이분이 천사구나, 이런 분이…' 라는 감동의 느낌과 동시에 가슴이 울컥하는 마음에 눈물이 고여 있었다. 몇 번의 감사와 존경하는 마음으로 인사를 하고 다시 강물을 따라 걸었다. '우리 주위에 가끔은 저렇게 아름다운 사람도 있구나.'라는 생각이 들면서 한결 기쁜 마음으로 걸을 수 있었다. 이틀이 지난 후 그분에게 전화를 해보니 동물 보호소와 연락을 해서 강아지를 데려다 주었다고 한다. 그분 얘기로는 강아지의 두 눈이 병들어 보이지 않는 것 같다고 했다. 아마 녹내장이 걸린 것 같다는 얘기를 하면서 강아지 주인이 차를 타고 가다가 풀숲에 버린 것이 아닌가? 했다.

　애완견으로 키울 때는 상당히 사랑스러웠을 것이다. 그럼에도 불구하고 강아지가 병이 들자 가차없이 추운 초봄에 풀숲에 버릴 수 있는 사람은 마음이 어떤 사람이었을까? 하는 생각이 들었다. 그 강아지의 종류는 온몸이 새까만 털을 가진 토이 푸들이다.

✏️ 하늘이 오천평 이고, 별이 3,000개 이다

　나의 유년 시절에 태백이라는 지역의 자연·환경적으로는 하늘과 땅이 말 그대로 천지 차이였다는 생각이 든다. 해발 600m인 태백이 고지대로서 사람이 숨을 쉬고 살기에는 최적의 지대로 평가되어 있는 듯하고 대기 오염 없이 청정한 공기로 인하여 하늘은 엄청나게 맑았다. 그리고 사방이 산으로 둘러싸여 있어 하늘이 오천 평밖에 보이질 않고 밤에는 별이 3,000개가 보인다는 사람들의 우스갯소리가 있다. 낮에 비가 내리다가 날씨가 개어 있으면 맞은편 산자락에는 무지개가 피어 있어, 나의 유년 시절 무지개를 만져 보고 싶은 어린 동심에 무지개 끝자락이 있는 곳으로 뛰어가곤 하였다. 물론 무지개가 핀 끝자락에 한번도 다다르지 못했지만, 성인이 되어서도 무지개 끝자락에 가보면 또 다른 세상이 있는 샹그릴라가 있지 않을까? 하는 상상을 해보기도 하였다.

　그러나 땅과 개천은 그렇지가 못하였다. 시커먼 탄이 여기저기 땅을 덮고 있었고, 어떤 곳은 탄을 쌓아 놓은 곳이 산을 이루었다. 비가 오면 탄이 빗물에 씻겨 나가고 탄광굴 갱에서 나오는 시커먼 탄 물이 정화되지 않은 채 그대로 개천에 유입되어 맑고 푸른 물이 아닌 1년 내내 항상 새까만 물이 흐르고 있었다.

🖊 탄광촌과 광부들의 생활

탄을 캐는 어떤 광부들은 무슨 사정이 있었는지 회사 내에 있는 목욕탕에서 퇴근시간에 맞춰 몸을 씻지 않은 채 탄을 캐던 그대로의 복장 차림으로 퇴근하는 광부들도 가끔 눈에 띄었다.

탄과 땀으로 범벅이 된 작업복에 새까만 장화, 그리고 손, 얼굴 등 온통 새까만 사람으로 보였다. 그러기에 눈은 더욱 반짝반짝하였고 웃을 때의 이빨은 그렇게 희게 보일 수가 없었다. 물론 나도 나의 아버지의 그런 모습을 본 적이 있다.

또한 초등학교에 다니는 어린 아이들은 미술 시간에 그림을 그리게 되면 하늘은 파란색, 흐르는 강물은 검은색이며, 아버지를 그리는 아이들은 대부분 검은색 작업복에 얼굴까지 까맣게 색을 칠하는 아이가 대부분이었다.

탄이 풍부한 탄광촌이다 보니 탄광에 근무하는 광부들에게는 매달 연탄 표가 한 장씩(연탄 한 장당 구공탄이 150여 장) 무료로 배급되었다.

그래서 집집마다 땔감으로는 모두 연탄이어서 부엌이나 창고에는 구공탄이 2~3백 장씩 쌓아 놓고 하루에 서너 장씩 떼다 보니 온 동네가 여기저기 연탄재로 널려 있기도 했다.

1970년대 이전의 우리나라 농촌 지역은 보릿고개니 춘궁기니 하면서 보리쌀이나 감자 등이 귀하여 굶는 경우가 많았고 쌀 구경하기가 어려웠다는 얘기는 들었지만, 태백은 많은 탄광들이 경기 호황으로 인해 너도나도 광산에서 일하고자 전국에서 젊은 사람들이 몰려들었다.

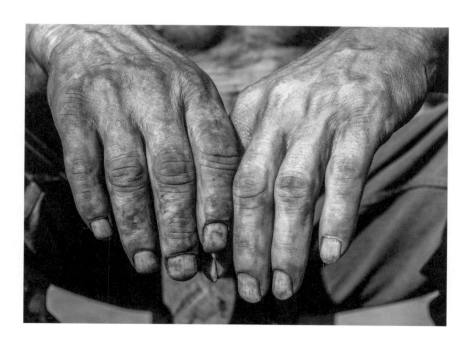

✏️ 다방, 양복점, 술집

지역 대부분의 사람들이 광산에서 일을 하기 때문에 매달 월급이 꼬박꼬박 지불되어 식사는 쌀밥은 기본이고, 돼지고기와 막걸리, 그리고 돈이 넘쳐난다는 얘기를 해도 과언이 아닐 정도이며, 심지어는 길거리에 어슬렁거리는 개들도 돈을 물고 다닌다는 우스갯소리도 있었다. 시장통 상점들은 일상생활에 필요한 물품이나 문구점 또는 밥을 먹기 위한 식당보다는 낭비성이나 사치성이 강한 차를 파는 다방과 술집 기생들이 있는 술집들이 장성옥, 평화옥, ~옥이라는 간판들로 즐비하게 있었고, 신사복을 맞춰 입은 제일 라사, 장성 라사, ~라사 등의 신사복 맞춤을 전문으로 하는 양복점이 많았다.

🖋 외상천국

그때만 하더라도 그냥 간단하게 술을 한잔할 수 있는 선술집보다는 술을 따라주는 여자들과 어울려 젓가락 장단에 맞추어 흥겨운 노래를 부르면서 막걸리를 먹을 수 있는 술집들이 장사가 잘 되었으며, 술값 계산할 때는 '비싸니', '싸니' 하며 술집 마담과 큰소리로 싸움을 하면서 동네를 시끄럽게 하기도 하였다.

그리고 매달 광산 월급이 지급되다 보니 물건을 사고 돈은 나중에 지불하는 행태가 생겨났다. 조그만 구멍가게에서부터 두부 한 모를 사도, 외상 막걸리 한잔을 먹어도, 술집 기생들이 많이 있는 규모가 큰 술집에서 밤새도록 노래와 춤을 추며 진탕 마셔도, 외상 양복점에서 신사복을 맞춰 입어도, 심지어는 문방구에서 연필과 공책을 사도, 채소 가게

에서 무우 한 개를 사도 외상으로 거래되는, 한마디로 외상이면 소도 잡아먹는다는 외상 천국 이었다.

또한 태백시의 전역에 걸쳐 탄맥이 형성되어 있어 석탄 공사라고 하는 국영 기업체도 있지만, 개인이 운영하는 탄광도 수십 개의 업체가 있었다. 호황을 이루며 탄이 곳곳에서 채탄되어 그곳마다 탄을 쌓아 놓은 저탄장이 있었으며, 전국으로 탄을 실어 나르기 위해 저탄장마다 화물 기차가 대기하여 탄을 실어 나르는 그곳에는 기차역들이 형성되었다. 그러다 보니 그리 넓지 않은 태백 지역에만 기차역이 무려 8개나 만들어졌다. 아마도 이곳이 전국에서 기차역이 제일 많은 도시가 아닌가 싶다. 굳이 기차역을 호명하자면 태백역, 철암역, 통리역, 동점역, 백산역, 동백산역, 문곡역, 추전역 이렇게 해서 8개의 기차역이 태백시에 있다.

🪓 광산사고와 꽃상여

그러나 태백 지역 경제가 호황을 이루는 반면에, 양지가 있으면 음지가 있기 마련이다. 광산의 대부분의 작업이 굴을 파서 탄을 캐는 지하에서 이루어지고 있기 때문에 안전사고의 위험이 곳곳에 도사리고 있어서 어느 날 자고 깨면 어디에 사고가 났는데 몇 명이 죽고 몇 명이 탄광 굴속에 갇혀 있다는 둥, 새벽부터 동네 사람들이 삼삼오오로 모여 수군대는 모습을 가끔 볼 수 있었다. 그 정도로 광산 사고가 자주 발생되었던 것으로 기억이 난다.

광산 사고는 일반적인 사고와는 달리 대형 사고로 이어진다는 면에서 광부들의 큰 부상과 죽음으로 이어지고 있었다. 지하에서 탄을 캐며 열심히 일해 빨리 돈을 모아 고향으로 돌아가서 조그마한 논과 밭뙈기를 마련하고자 하는 희망을 가지고 전국 곳곳에서 젊은이들이 태백으로 몰려왔으며,

✎ 약속의 땅

열심히만 일하면 돈을 벌 수 있다는 확신을 가질 수 있는, 말 그대로 약속의 땅이었던 것이다. 또한 약속의 땅에서 희망의 미래를 구상하며 광산에서 일해 결혼도 하여 안정된 가정을 꾸려가던 젊은이들이 사고로 인해 큰 부상과 졸지에 목숨을 잃는 경우가 허다했다. 그렇게 사고가 나면 일가친척이 거의 없는 객지이다 보니 으레 주위에서 합심하여 상갓집에 천막을 쳐놓고 동네 아주머니들이 음식을 만들며 조문객들에게 술과 음식을 대접했으며, 젊은 나이에 죽은 시신을 공동 묘역까지 운반할 상여에 꽃으로 치장하기 위해 그 동네에 고등학교나 중학교에 다니는 여학생들은 광산 사고 소식을 접하면 학교에서 돌아와서는 바로 어느 한 집에 모여 상여 꽃을 만들기 위해 한지를 빨강과 노랑으로 물을 들였고 물들인 한지를 밤새도록 꽃으로 만들어 꽃상여를 만들었다.

📝 연탄가스 사고

　지금은 안전사고에 철저히 대비해 드물게 사고가 나는데, 주로 광산 사고의 원인은 탄을 캐기 위해 바위를 깨는 화약 발파 사고, 일산화탄소나 메탄가스 등이 굴 밖으로 빠져나가지 못하고 정체되어 있다가 전기나 쇠붙이 등에서 나는 불꽃으로 인한 가스 폭발 사고, 탄을 캐다가 지하수가 고여 있는 물통을 건드려 물과 탄이 한꺼번에 휩쓸려 내려가며 나는 죽탄 사고, 탄을 캐며 굴을 파고 들어가다가 위에서 내리누르는 힘에 의해 굴이 무너지는 낙반 사고, 탄을 실은 탄차가 철로를 이탈하여 생기는 탄차 이탈 사고 등 여러 종류의 광산 사고가 모두 대형 사고로 이어

져 막장에서 탄을 캐던 수많은 젊은 사람들이 죽음으로 내몰리고 있었다. 또한 모든 집들이 부엌에서 땔감으로 연탄을 쓰다 보니, 구조가 허술한 집에는 연탄가스의 일산화탄소 중독 사고가 여기저기 발생되어 매년 겨울 새벽이면 병원 앰뷸런스 차가 삐용삐용하며 가스 중독 환자를 병원으로 실어 나르는 광경을 심심치 않게 볼 수가 있었다.

이렇게 양(陽)과 음(陰)이 동시에 존재하고 있던 지역에도 어두운 불황의 그림자가 찾아왔다. 1980년대 후반부터는 우리나라의 중공업 발전과 더불어 모든 땔감 연료로 쓰였던 석탄이 석유로 대체됨에 따라 탄광의 몰락과 함께 지역 인구가 3분의 1로 엄청나게 줄어들었고 지금은 지역 경제가 불황의 늪에서 헤어나지 못하고 있다.

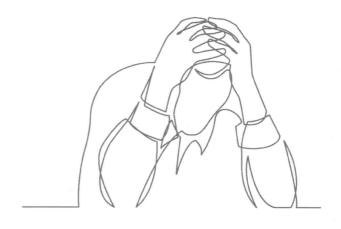

낙동강 1,300리 길을 걸으며

3일 차

석포에서 양원까지

3일 차,
석포에서 양원까지

칡꽃과 하늘세평길

　낙동강 상류인 석포에서 승부를 거쳐 양원, 분천으로 가는 길은 계곡이 좁으며 절벽이 가파르게 서 있고 높은 산들이 에워싸고 있어 '위를 쳐다보면 하늘이 세 평 정도밖에 보이지 않는다.'라는 우스갯소리가 있을 정도로 논이라고는 찾아볼 수 없고, 밭이라 해도 넓지 못하고, 대부분 경사를 이루며 조그마한 밭들이 여기저기 흩어져 있어 밭도 세 평 꽃밭도 세 평 정도밖에 안된다고 하여 이곳을 지나는 트레킹 코스를 '하늘 세평길'이라고 한다. 한여름 승부로 가는 길가에는 칡꽃이 많다. 칡꽃은 늦여름에 만개한다. 칡꽃은 칡넝쿨 사이로 삐죽이 올라와 있고 꽃대가 길며 보라색을 띠고 있다.

칡꽃을 따서 햇빛에 바싹 말려 물에 끓여 먹으면 간(肝)에 좋다고 알려져 있다. 술을 자주 마시는 나로서는 칡꽃을 많이 채집하여 한겨울 물에 끓여 먹은 적이 있다. 끓인 물의 맛은 거부감이 없고 칡차를 연상케하는 구수한 맛이 좋은 것으로 기억된다. 승부역 앞에는 트레킹 하는 사람들과 눈꽃 열차의 승객들이 잠깐이나마 쉬면서 막걸리나 어묵 등으로 요기할 수 있는 조그마한 장소가 있다.

 승부에서 양원까지는 2시간 정도의 트레킹 코스이다. 절벽으로 이루어져 있어 갈 수 없는 길이 대부분인 이 코스는 나무와 철판으로 난간 길, 그리고 절벽 사이를 잇는 곳에는 출렁다리로 되어 있다. 왼편 아래에는 낙동강이 급하게 흐르고 있으며 오른편에는 철길이 계속 이어져 있고 걷는 데는 지루함과 불편함이 없이 만들어져 있어 초등학생도 함께 갈 수 있는 길이다.

 양원역에 도착하여 그곳에 잠시 머물며 약간의 요기를 하고 기차 시간에 맞춰 태백으로 돌아갔다.

낙동강 1,300리 길을 걸으며

4일, 5일 차

양원에서 분천, 현동을 지나 임기까지

4일, 5일 차,
양원에서 분천, 현동을 지나 임기까지

🖋 최초의 민자역사

양원역 주변에는 간단히 요기할 수 있는 어묵, 떡, 막걸리 등이 있었고 또한 이곳 주민 중의 한 여인이 아기 고무신, 어른 고무신에 예쁜 그림을 그려 넣으면서 고무신을 팔고 있다. 하얀 고무신과 검정 고무신에 꽃 그림을 그려 넣은 것이 퍽이나

인상적이었다. 이곳 양원을 지나가는 철로는 영동선으로 역이 없었던 마을이다. 오지 중의 오지 마을로 깊은 계곡에 어렵사리 형성된 마을인데 어쩌다 밭이 몇백 평정도 보이고 걸으면서 집은 산비탈에 대여섯 채 정도 보였다. 이곳에는 교통이 전혀 없어 다른 세상에 와 있는 느낌이 들던 때 (우리나라에는 세계가 주목하고 있을 정도의 경제와 문화가 풍성하고 서울 올림픽이 개최되던 해인 1988년) 이곳 양원 주민들은 기차나 버스 등의 대중교통이 전혀 없는 이곳에 간이역이라도 세워 달라고 대통령에게 탄원서를 내기도 하고, 주민들이 조금씩 돈을 모아 조그마한 간이 역사

를 만들어 무궁화호 기차가 잠깐 정차할 수 있게끔 만들었다.

지금도 대중교통인 버스나 택시는 전혀 없고 하루에 두 번 지나가는
기차만이 유일한 교통수단이며, 철도 근무자는 없고 마을 주민이 운영
하는 간이역에 아주 조그맣고 허름한 역사가 있다. 아마도 우리나라 최
초의 민자 역사가 아닌가 싶다. 양원에서 길을 따라 조금 가면 왼편 언
덕 쪽에 집이 몇 채가 보이며, 강 따라가다가 오른편으로 가게 된다. 이
곳을 지나 분천으로 가다 보면 '자동차가 갈 수 있을까?'라는 의문이 들
정도로 도로가 아닌 도로가 있고, 걸어서 강을 따라가다가 산을 넘어
다시 강을 만나게 된다.

　　분천에 도착하기 전에는 비동 마을이 있다. 20여 년 전, 비동의 간이
역이 있기 전에는 쌀이나 생필품 등은 순전히 걸어서 운반했으리라 생
각하면 과학이나 경제 등의 시대의 발달이 지역에 따라 엄청난 차이가
있다는 것을 느낄 수 있다.

🖊️ 체르마트길

　조금 가면 길 왼편에 통나무로 지은 조그마한 찻집이 있기도 하다. 이곳은 트레킹 하는 사람들이 많을 때 문을 열어 각종 차를 파는 곳이다. 이 찻집을 지나 산을 오르게 된다. 그렇게 험하지 않은 길을 30분 정도 걸으면 아래로 내려가게 되는데, 이 트레킹 코스는 일명 '체르마트길'이라고 한다. 이 체르마트의 지명은 분천역과 스위스에 있는 체르마트역이 자매결연을 맺으면서 트레킹 코스의 지명이 되었다. 이곳을 넘어 비동 간이역을 지나면 분천에 도착하게 된다. 이곳은 일명 '산타 마을'이라 하여 분천 역사와 주위의 마을이 산타클로스를 연상케 하게끔 분위기를 조성해 놓았으며, 산타 복장을 한 이곳 주민 3명이 색소폰과 기타 등으로 음악을 연주하는 것을 볼 수가 있다. 그리고 먹거리가 풍부하며 음식값도 저렴하다. 또한 숙박할 곳이 한 곳 있기도 하다.

이곳 분천을 지나면 현동과 임기로 갈 수 있는 길이 있는데, 길이 상당히 복잡하게 되어 있어 그려 놓은 안내 그림을 참고하면 좋을 것이라 생각된다.

〈분천에서 현동, 임기 가는 길〉

①

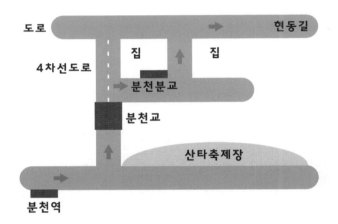

②

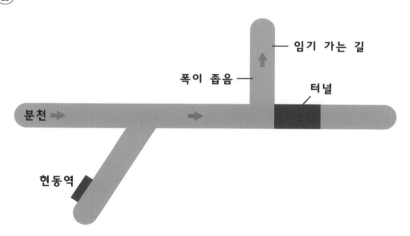

임기 가는 길

폭이 좁음

터널

분천

현동역

③

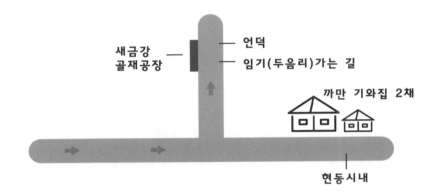

새금강
골재공장 — 언덕
임기(두음리)가는 길

까만 기와집 2채

현동시내

🖊 현동과 어죽

　20여년 전만하더라도 태백에서는 시커먼 탄 물이 정화되지 않고 그 대로 강으로 흘러 민물고기가 살아남지 못해 민물고기를 거의 볼 수가 없었다. 있다 하더라도 탄가루가 섞여있거나 중금속에 오염됐을까 봐 민 물고기를 잡지 아니하였다. 그래서 태백에서는 민물고기를 잡아먹으려 면, 휴일에 아침 일찍이 4~5명이 어울려 그날 하루 종일 즐겁게 지낼 요 량으로 민물고기를 끓일 큰 냄비나 솥, 그리고 각종 야채와 쌀을 준비하 여 철암역에서 기차를 타고 주로 현동에 갔었다. 그곳에서 가물치나 탱 고리, 미꾸라지 등을 낚시나 천렵으로 물고기를 잡아 큰솥을 걸어놓고 잡은 물고기와 함께 각종 야채와 고추장, 약간의 밀가루를 함께 버무려 넣고 푹 끓인다.

　이것을 어죽이라고 하는데 맛이 부드럽고 좋아 몇 그릇씩 떠먹으면 서, 하루 종일 물놀이하며 즐기다 저녁때에 현동에서 기차를 타고 태백 으로 왔었다.

🌀 산촌

　오늘날 현시대의 경제, 문화와 과학의 놀라운 발전으로 인하여 휴대폰 하나로 내가 보고 싶은 영화나 소설, 스포츠 게임 또는 길 찾기에서부터 은행까지의 역할을 하는 시대임에도 불구하고 많은 길을 걷다 보면 물자의 풍부함과 교통의 편리함이 현시대와는 아무런 상관이 없는 듯한 마을 풍경을 마주칠 때가 있다.

　집 한편에는 나무 장작을 땔감으로 쌓아놓고 굴뚝에는 흰 연기가 풀럭풀럭 피어오르고 집 마당에 있는 개는 컹컹거리며 짖어대는 모습에 '50년 전쯤이 아닌 홍길동이 살았던 시대에도 저러하지 않았을까?' 하는 생각마저 드는 산골 마을을 가끔 만나기도 한다. 과거에도 그런 분위기를 자아내는 산촌이나 오지의 시골 마을을 걸었던 당시의 추억들이 어렴풋이 기억나기도 한다.

　한 발 한 발 강물을 따라 걸으며 때로는 바위를 껑충껑충 뛰어 건너고, 파릇파릇한 나무의 연하고 연한 연녹색의 이파리들과 아주 조그맣게 갓 돋아져 나와 있는 버들강아지를 보노라면 바로 태어난 눈도 뜨지 못한 강아지의 무리들이 엄마의 따뜻한 품속에서 꼬물꼬물하며 잠자고 있는 모습이 떠오르기도 한다.

　또한 깨끗하고 아주 맑고 투명한 수정이 녹아 야들야들하고 비단결 같은 액체가 흐르는 듯한 강물을 보고 있노라면 반사된 햇빛의 어른거림에 눈이 부셔 잠깐이나마 발걸음이 멈추어진다. 그러한 강물이 내뿜는 자연의 냄새는 무엇이라 형용할 수 없는 모양으로 나의 감정을 에워싼다.

낙동강 1,300리 길을 걸으며

6일 차

임기에서 명호까지

6일 차,
임기에서 명호까지

🖊 험하고도 험한 강줄기

분천에서 현동을 지나 임기에 도착하면 이것을 하루 코스로 마무리
하는 것이 좋을 듯하다. 임기에서 낙동강을 따라 명호까지 가야만 숙식
을 할 수 있는데, 낙동강의 전체 코스 중에 제일 험한 길이며 반드시 통
과해야만 낙동강 상류를 이야기할 수 있기도 하다. 그래서 이 코스만큼
은 경험자의 당부를 반드시 들어야 하며, 단단히 마음을 잡고 걸어야 한
다고 얘기해주고 싶다.

12시간 이상을 강물과 산으로 다녀야 하는 길이기 때문에 출발하기 전 몸과 정신이 모두 건강해야 하며 음료수, 특히 탄산수보다는 생수와 오이, 걸으면서 끼니를 때울 수 있는 음식 (두 끼 정도)이 꼭 필요하며 100% 충전이 되어 있는 휴대폰, 손전등 등이 필수품이다. 걷는 중간에 라면이나 밥을 해먹을 수 있는 시간이 없다. 잠깐이나마 시간의 여유를 부리면 산중턱에서 밤을 지새워야 하는 낭패스러운 일이 일어날 수 있는 코스이기에 다시 한번 단단히 일러두고 싶은 코스이다.

트레킹 도중 산꼭대기에서 길을 찾을 수 없어 거의 30여 분 정도 이리저리 헤매며 난감한 처지에 놓여 있었고, 심지어 119에 전화를 걸어 자신의 조난 신고를 하여 도움을 받을까? 하는 마음에 망설여지기도 하였다. 그러나 천만다행으로 길의 방향을 가르쳐 주는 이정표를 발견하여 신중하고 조심스럽게 하산하는 길을 걸으며 별 탈 없이 명호 시내에 숙박할 수 있는 곳까지 갈 수가 있었다.

✎ 포기할 수 없는 산길, 낙동강 원시 생태 비경길

태백에 있는 철암역에서 아침 8시 2분 무궁화호 기차를 타고 1시간 정도 가면 임기역에 도착한다. 임기역 앞에서 임기 두음리 방향으로 20여 분 정도 걸으면 삼거리가 나온다.

삼거리에서 왼쪽은 현동 시내로 가는 길이고 오른쪽에 임기교라는 다리가 나오는데, 다리 건너기 직전 '산골 물굽이 길'의 이정표가 있다. 이 둘레길이 아직은 개통이 안 되었는데 5개월 후면 개통이 된다고 하니, 이 길을 이용하면 낙동강을 훨씬 잘 느끼며 걸을 수 있겠다는 생각이 들었다.

　이 길을 걷지 못하는 아쉬움을 뒤로 하고, 다리를 건너 오른편으로 낙동강을 바라보며 30여 분 정도 걸으면 강을 건너는 다리가 나온다. 다리를 건너 왼편으로 강을 끼고 강둑과 평평한 산길을 계속 걷게 되면 멀리 소수력 발전소가 보인다.

　소수력 발전소에 가기 전에 오른편으로 대리석같이 보이는 큰 돌들이 징검다리 모양으로 놓여 있어 이 징검다리를 통하여 강을 건너게 된다. 산자락 하단 강물과 접하는 길을 계속 걷게 된다. 그때가 8월 31일이어서 그런지 칡넝쿨과 잔가시가 많은 풀이 넝쿨째 길을 덮고 있어 길을 잃어버리기 십상이었다. 아니나 다를까 나 또한 길을 잃어버려서 풀 넝쿨을 파헤치며 걷다 보니 시간이 많이 정체되고 양팔이 가시에 할퀴어 있어 핏자국으로 팔뚝이 메란도 없게 되었고 매우 쓰라렸다. 그렇게 앞으로 조금씩 전진하다가 풀숲 때문에 도저히 앞으로 갈 수 없어 물길로 들어가 강가로 조심스럽게 200m정도 가니, 산으로 올라가는 빨간 이정표가 보였다. '가다 보면 마르겠지?' 하는 생각으로 젖은 신발과 옷 그대로 산길을 걸었다. 이 산길이 '낙동강 원시 상태 비경 길'이라고 하는 둘레길인데 이 길 또한 제대로 되어 있지 않고 토끼가 다니는 듯한 길이 있고 산돼지가 다니는 길인가? 싶을 정도로 험한 길이 연속적으로 나타나곤 했다. 길을 잃어버리지 않기 위해 긴장하고 걸으면서 아래에는 나무와 풀 사이로 낙동강 물빛이 얼핏얼핏 나타나곤 하였으나, 그곳에 신경쓸 마음의 여유가 없었다.

중간중간에 풀숲이 길을 덮고 있어 풀을 헤쳐 나가며 걸어야 했다. 또 어떤 곳에는 풀숲이 너무 많이 덮혀 있어 도저히 그곳을 헤쳐 나가기엔 너무나 벅찼다. 그래서 제대로 된 길이 아니어도 숲이 덜 우거진 곳으로 돌아가기도 하였다. 험한 산길을 2시간 정도 산능선을 그렇게 걷다 보니 아래로 내려가 강가의 옆길을 걷게 되었으나, 얼마 지나지 않아 더이상 강가로 길을 걸을 수가 없었다. 명호에 있는 댐으로 인하여 산 정상을 넘어야만 명호에 도착할 수 있게 되었다. 그래서 강가의 길을 걷다가 오른편으로 집 한 채를 만나게 된다. 그 집 입구에는 커다란 검둥개가 사납게 짖고 있었지만, 다행히도 든든한 줄에 묶여 있어 조심스럽게 그 앞을 지나 산을 올라갈 수 있었는데 계속 가파른 길이었다.

그렇게 가파른 길을 숨을 몰아쉬며 20여 분 정도 올라가니 왼편으로 나무 목침 계단이 있는 것이 아닌가. 나무 목침을 봐서 1년도 안된 것 같았다. 그곳에 빨간 이정표가 나무에 걸려 있어 그것에는 '낙동강 생태 비경길'이러고 적혀 있었다. 그것을 보고 '봉화군에서 삼동 마을까지 가는 길이 너무 가파르고 멀어서 새로운 둘레길을 만들었는가 보다.'라는 생각이 들었다. 그래서 그 길을 걷기로 하고 직진하지 않고 왼편으로 방향을 틀었다. 그곳 방향을 가리키는 이정표 리본이 얼마 지나지 않아 나무에 걸려 있었고, 그곳엔 '낙동강 생태 비경 개척 길'이라 적혀 있었다. 그런데 그 길은 걸으면서 괜히 이 길을 택하였다는 후회를 많이 하였다. '낙동강을 옆에 끼고 능선을 굽이굽이 도는 과정이 정말 장난이 아니구나.' 하는 생각에 돌아가고픈 생각이 들기도 하였다.

그러나 되돌아가기에는 너무 많이 왔고 진퇴양난을 느끼면서 올라갔다. 내려갔다를 수차례 반복하면서 '구불구불하고 산돼지가 다니는 길을 개척 길이라고 한 것이 아닌가?' 하는 생각이 들 정도로 아직은 길 개척이 덜 되어 있었다. 길 아래에는 상당히 가파르고 숲이 우거져 숲 사이로 낙동강이 얼핏얼핏 물빛으로 보일 뿐이다. 걸으면서 몇 번이고 '괜히 이 길을 택해서 이 고생이구나.' 하는 생각이 밀려왔다. 그렇게 4시간 정도 걸으니 산 정상에 도착할 수가 있었다. 그러나 여기서 또한 내려가는 길을 찾을 수 없어 30여 분 정도 길을 찾느라 왔다 갔다 하면서 산속을 헤매었다. 그렇게 한참을 찾다 보니 오른편으로 빨간 리본이 보이는 것이다. 그것을 본 순간 '이 깊은 산중을 헤매면서 119에 전화를 걸어야 하나?' 하는 망설임과 불안한 마음이 동시에 싹 가시면서 그 이정표가 그렇게 반가울 수가 없었다. 그 빨간 이정표에서 천천히 길을 살펴보니 오른 편으로 내려가는 수풀 사이로 실낱같은 길이 보이는 것이다. 길을 잃어버릴까 봐 조심조심 살피면서 40여 분 정도 내려가니 경운기가 다 닐 수 있는 길을 만나게 되었다.

🖊 꿀맛의 사과

그 지점에서 멀리 보니 과수원과 집이 보여 그곳으로 걸음을 재촉하였다.

그곳에 도착하니 저녁 6시 정도 된 것 같았다. 마침 사과를 수확하고 있어 사과 한두 개를 사 먹을 수 있겠느냐? 하고 주인에게 물어보니 상품이 되지 못하는 사과 3개를 그냥 주시는 것이다. 너무 고마워 돈을 몇천 원 드리려 하니 극구 사양하시며 받지 않는 것이다. 눈치볼 겨를 없이 사과를 옷에 한두 번 문지르고는 한입 베어 먹으니 어찌나 달고 맛있는지 '꿀맛이라는 것이 바로 이런 것이구나!' 하는 것을 느꼈다. 사과를 반쯤 허겁지겁 먹고 먹던 사과의 흰 속살을 보니 노란색이 여기저기 박혀 있었다. '그것이 사과에 꿀이 박

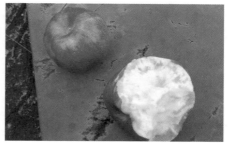

혀 있다 하여 꿀사과라고 하는 것인 모양이구나!' 하고 느끼면서 갈증을 충분히 가시고 잠시 후 과수원 주인에게 감사의 인사를 드리고 명호 시내로 발길을 재촉하였다.

어두워진 저녁 8시쯤 시내에 있는 민박을 잡을 수 있었다. 샤워를 하고 시내에 있는 조그마한 국밥집에서 식사를 하고 민박에 들어와 자리에 누우니 산길을 못 찾아서 산길을 헤매었던 것이나 잠시도 쉬지 못하고 11시간 정도를 정말 힘들게 걸었다는 것을 떠올렸다. 예전에 한강 길을 걸으면서 동강의 풍광이 극치를 이루는 정선 신동에 있는 고성에서 거북이 마을을 지나 칠족령을 넘어서 문희 마을에 도착하여 영월 문산으로 가는 산길을 찾지 못하고 이리저리 헤매었던 지난 시간이 생각이 났지만, 이번처럼 그렇게 고생하지 않았다는 생각이 든다. 또한 잠자리에서 이런저런 생각을 하다가 문득 어머니께서 혈혈단신 겨우 돌을 갓 지난 누나를 들쳐업고 삼팔선을 넘어 남한으로 내려왔다는 어머니의 얘기가 생각나는 것이 아닌가? 그러다가 잠이 들었다.

📐 산악회 리본의 이정표

산이나 계곡을 다녀보면 길을 안내하는 산악회 리본의 이정표가 나뭇가지 등에 한두 개나 여러 개가 걸려있는 것을 누구나 보았을 것이다. 산을 찾는 사람들이 처음 가는 산길이나 계곡을 걷다 보면 뚜렷이 나타내지 않은 길이거나 두 갈래 세 갈래로 갈라져 있는 곳에는 대부분이 산악회 리본이 발견된다. 그러면 길을 몰라도 두려움 없이 리본이 나뭇가지에 걸려있는 방향으로 발걸음을 재촉하게 된다. 혼자서 산이나 계곡을 많이 찾는 나는 예전부터 지금까지 산악회 리본의 덕택을 톡톡히 보고 있다. 장소에 따라 한두 개가 걸려있는 곳도 있지만, 어느 곳에는 형형색색을 이루는 수십 개의 리본이 걸려 있는 곳도 있다. 그중에는 천으로 된 리본이 오래되고 낡아서 약간 흉물스럽게 보이는 것도 있고 너무 많이 걸려 있는 곳도 있다. 나는 가끔은 여러 개의 이정표 리본 중에서 낡은 리본을 떼어서 주머니에 넣기도 한다. 산악회 리본이 공해라고 얘기하는 사람도 있지만, 산이나 계곡을 찾는 대부분의 사람들이 길에 익숙지 못해 불안한 마음으로 걷는 사람들에게 상당한 도움을 주고 있다고 확신한다. 산악회 리본에는 어느 산악회라고 동아리의 이름이 쓰여 있고 일부 리본에는 의미 있는 예쁜 글귀도 함께 쓰여 있는 것도 여러 개 있다.

그중 기억에 남은 글귀 몇 개를 소개하자면 충주 미륵사지 뒤편의 토암산을 가게 되면 중간에 세계적인 스케이트 선수인 김연아가 공연하는

모습과 꼭 닮은 소나무가 있어 이것을 연아의 나무라고 하는데, 이곳에
도 아리랑 느낌을 주는 삼색의 이정표가 걸려 있었다. 산허리쯤에 '아니
온 듯 다녀가소서.'라는 글귀가 적혀 있는 이정표 리본을 보고 그 글귀
가 너무 예뻐 잠시 걸음을 멈추어 한참을 생각하게 하였으며, '살포시 왔
다가 살짜기 가세요.'라는 글귀에는 단지 이정표에 불과한 것이 아니라,
자연을 사랑하고 보호하자는 마음을 공유하는 것이었다. 그리고 '날 샌
다 얼른 가자.'(막하 산악회), '산이랑 강이랑 우리랑'(어울림 산악회) 등의
재미있는 글귀와 더불어 산악회 이름이 거창하게 '지구 투어', 또는
'1000봉 등정 기념'이라 적혀 있으면서 본인 이름을 적어 넣어 많은 등정
의 위용을 뽐내는 리본도 있었다. 이러한 것들을 가끔 발견하게 되면 잠
시나마 걸음을 멈추고 청량감을 느끼면서 작은 미소와 함께 힘이 들던
트레킹의 발걸음을 가볍게 만들기도 한다.

〈임기에서 명호 가는 길〉

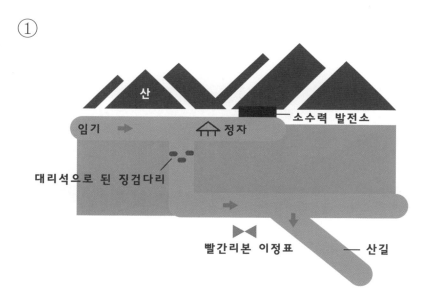

① 산 / 임기 / 정자 / 소수력 발전소 / 대리석으로 된 징검다리 / 빨간리본 이정표 / 산길

②

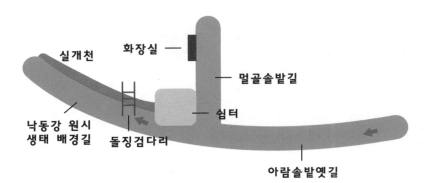

실개천

화장실

멀골솔밭길

낙동강 원시
생태 배경길

돌징검다리

쉼터

아람솔밭옛길

③

산

집

검둥이개

삼동리로 가는 가파른 언덕

④

산 정상

길이 있음

빨간 이정표

하산길

낙동강

삼동리로 가는 길

나무목침계단

⑤

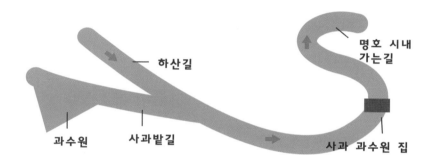

하산길

과수원

사과밭길

명호 시내
가는길

사과 과수원 집

낙동강 1,300리 길을 걸으며

7일 차

명호에서 도산 서원까지

청량산 애던길의 꺽지와 도산서원

다음날 새벽 6시에 일어나 우유와 빵으로 아침을 해결하고, 명호 민박집을 나서서 청량산 둘레길을 향해 출발하였다.

명호 시내를 조금 벗어나 소방서를 지나면 '에던길'이라는 이름을 가진 둘레길이 나타난다. 이곳에서 낙동강을 느끼며 걷고 있는데,

아침 일찍 낚시를 하고
있는 사람이 보여 다가가서
무엇을 낚는가? 했더니, 꺽지
라고 하는 민물고기를 꽤 많
이 낚았다. 낚인 고기가 모
두 커서 한 뼘 이상 되는 것

들이었다. 이 민물고기는 매
운탕으로써는 으뜸일 뿐만 아니라 회를 떠서 먹어도 식감이 쫄깃하면서
횟감으로서도 아주 좋은 민물고기이다. 나 또한 강물 낚시를 즐겨하면서
주로 꺽지 낚시를 했던 터라 꽤나 큰 꺽지를 보고는 많이 부럽기도 하고
낚시하고픈 생각이 절로 들었다.

그래서 '낙동강 걷기를 끝낸 다음 언젠가 이 장소에서 낚시를 해야 겠다.'는 생각을 하며 다시 둘레길을 걷기 시작했다. 한참을 걸어 청량산 공원 입구 앞을 지나 너티재를 넘으니 도로의 이정표에 도산 서원을 발견할 수 있었다. 도로 왼편 입구에서 도산 서원까지는 2km 정도의 거리이다. 길 폭은 1차선 정도이며, 길 양옆으로 소나무와 단풍나무가 빽빽이 둘러싸여 있고, 거리가 깨끗하게 정리되어 있었다.

이 길을 선비 순례길이라 불리며 과거에 영국 여왕이 방문했던 곳이어서 그런지, 영국과 관련된 글이 쓰인 기다란 노란 이정표가 많이 걸려 있는 것을 볼 수 있다. 도산 서원 주차장에서 5분 정도 걸어 들어가면 도산 서원이 보이는데, 나의 느낌으로는 웅장함보다는 서원의 한옥 건축물들이 아기자기하게 들어서 있다는 느낌을 받았으며, 또한 도산 서원

앞의 낙동강 풍광은 웅장함을 드러내고 있다.

　그리고 도산 서원 앞마당에는 상당히 구부러진 두 그루의 고목나무
가 오랜 세월을 버티어 왔다는 느낌을 준다.

낙동강 1,300리 길을 걸으며

8일, 9일 차

안동 댐에서 안동 하회 장터까지

8일, 9일 차,
안동 댐에서 안동 하회 장터까지

🖊 안동 월령교와 자전거 첫 출발지

안동 댐의 물 포럼 기념관 앞 주차장에 차를 세워두고 월령교로 내려와 다리를 건너 시내로 향했다. 월령교는 나무로 만든 다리로써 새까만 색이어서 꽤나 운치가 있어 보이는 다리이다. 다리 주변 넓은 쉼터가 있는 곳에는 숙박 시설과 음식점이 많아 관광지로서의 면모를 갖춘 곳이기도 하다. 낙동강 자전거 도로 완주의 첫 출발점으로써 자전거 인증센터가 있는 곳이다. 이곳에서부터는 계곡이나 산을 통해서 걷는 길이 몇 군데 있기는 하나 시골길이나 자전거 도로의 평지를 걷게 된다. 대부분 강의 상류에서는 급하게 흐르는 물길과 더불어 산, 계곡을 많이 걷는다. 한강은 동강을 지나 단양의 남한강쯤에서 강의 중류 정도가 되는 것 같고, 낙동강은 청량산을 지나 안동에서부터 강의 중류가 시작되는 느낌이다. 낙동강을 따라 걸으며 안동 시내에 있는 영가 대교와 영호 대교를 지나 안동 병원 뒤편의 강변도로(자전거 도로)에 낙동강을 오른편에 끼고 호젓하게 걷게 된다. 대부분이 도로 옆 자전거 도로가 아닌 강 하천 부지에 있는 자전거 도로로 걷게 된다.

　그러나 무작정 하천 부지의 자전거 도로가 끝나는 지점을 무시하고 계속 걷다 보면 큰 낭패를 겪게 된다. 걷다 보면 하천 부지 자전거 도로 끝인 하수 종말 처리장까지 가게 되는데, 거기서 '길이 있는가?' 하고 한참을 헤매게 된다.

🖊 하회마을로 가는 길

그러나 거기서 길이 끝이어서 왔던 길을 다시 돌아가야 한다. 안동 병원 뒤편의 강변도로는 4차선이며, 옆에는 자전거 도로가 있다.

한참을 걷게 되면 4차선 도로가 2차선으로 바뀌게 되고, 조금 더 걷게 되면 왼편으로는 논밭이 많이 보이고, 결국 뚜렷하게 형태를 갖추지 않은 1차선 폭 정도의 도로가 나온다. 이 지점에서 50m 정도 더 가면 삼거리이다. 여기서 하회 마을로 가는 자전거 도로인 왼편으로 약간 비탈진 언덕으로 올라가야 한다. 오른쪽은 하수 종말 처리장이다. 그 언덕으로 올라가는 동안 양옆으로는 공사가 한창이었다. 20여 분 정도 올라가면 다시 내려가게 된다. 내려가서 왼편으로 가야 한다. 거기서 20여 분 정도 가면 왼편은 개곡 보건 지소이고 오른편에는 다리가 있는데, 이 다리로 가야 한다. 다리 건너 오른편으로 계속 밭과 논둑의 길을 걷다 보면 단호교라는 꽤나 긴 다리를 건너게 된다. 건너서 한참을 가게 되면 도로 왼편으로 마애 선사 유적 전시관이 보인다.

　여기서 물을 마시며 잠깐 쉬었다가 계속 길을 재촉한다. 30여 분 정도 걷다 보면 논두렁 길을 걷게 된다. 논두렁 밭 두렁길과 자전거 길을 번갈아 한참을 걷다 보면 길이 끝나는 지점에 한국 농어촌 공사 풍천 배수장 건물이 있다. 여기서 자동차가 다니는 도로를 건너면 비포장도로인 병산 서원으로 가는 길이고, 오른편으로 방향을 틀면 하회 마을 장터로 가게 된다. 안동 시내의 변두리에 있는 삼거리에서 이곳 하회 마을 장터까지 꽤나 먼 거리이다.

　안동 병원 근처에서 숙박을 하고 아침 일찍 근처 식당에서 아침을 해결하며 부지런히 걸으면서 점심은 빵으로 해결하고 이곳에 도착하니 거의 10시간은 걸었던 것 같다. 피곤함이 몰려와 거기서 버스를 타고 풍산 시내에 와서 숙박을 하였다. 저녁 식사로는 돼지 국밥을 먹으며 막걸리 한 병을 곁들여서 먹다 보니

우리 집 딸애에 대한 간단한 에피소드가 갑자기 생각이 난다.

✏️ 딸에게 매를 들다

처음이자 마지막으로 딸애에게 매를 든 적이 있다. 딸애 이름은 한송희인데 나는 애칭으로 한솔미라 부른다. 솔미에게 매를 든 동기는 솔미가 중학교 1학년인가, 중학교 2학년 때이다. 저녁에 집에서 가족과 함께 식사를 하는데 솔미가 귀를 뚫은 것 같은 조그마한 귀 핀을 꽂고 있는 것이 보였다. 그것을 본 순간 아무런 생각 없이 화가 치밀어 올랐다. 그래서 " 솔미야, 너 귀에 그것이 뭐냐?"라고 큰소리로 물었다. 그러자 솔미는 아빠가 몹시 화가 나 있다는 것을 눈치채고 아무 말도 못하고 우물쭈물하고 있었다. 솔미가 대답을 하지 못하고 가만히 있으니 애 엄마가 분위기가 심상치 않음을 느끼고 별거 아닌 것처럼 학교 주변에 귀를 뚫는 곳이 많이 있는데 요즈음 학생들이 그런 데서 많이 뚫는다고 하면서 별거 아니라고 가볍게 얘기하는 거였다.

나는 그 소리를 듣고 "그것이 별거 아니라고?" 하면서 더욱 화가 난 목소리로 소리를 질렀다. 솔미는 겁에 질린 표정을 하고 있었고 애 엄마는 나에게 참으라고 눈짓을 하고 있었다. 그러나 나는 화를 이기지 못하고 밥을 먹다 말고 소파로 이동하여 앉아 솔미를 오라고 해서 "그게 무슨 짓이냐?" 하면서 때려 줄 모양으로 안경을 벗으라 하니 애가 잔뜩 겁에 질린 표정으로 안경을 벗었다.

　　그러나 차마 얼굴은 때리지 못하고 "너 맘대로 그따위 짓을 하느냐?" 하고 야단치면서 엉덩이 아래의 허벅지를 두세 차례 손바닥으로 세게 때리니 보다 못한 애 엄마가 말리는 것이었다. 그래서 나도 못 이기는 척하고 다시는 그따위 짓을 하지 말라고 소리치며 밖으로 나와 버렸다. 처음으로 아이에게 손을 댔다고 생각하니 나의 마음을 추스를 수 없어 간단히 술 한잔할 수 있는 집에 들어가 술을 몇 잔 마셨다. 그리고 길거리에서 약간 방황하다가 집에 들어가니 솔미가 고개를 푹 숙인 채로 종이 한 장을 두 손으로 나에게 주는 것이었다. 그때가 10시 정도 되었다. 그것은 앞으로는 아빠의 허락 없이 어떠한 것도 하지 않겠다는 반성문이었다. 그 이후 그때의 일이 솔미에게는 어떤 트라우마로 남아 있는지 30이 넘은 나이임에도 귀걸이를 하지 않고 있다. 그때를 생각하면 나의 좁은 소치의 행동에 크게 후회스럽기도 하다. 중학교 1, 2학년 때는 호기심이 가득하고 남의 흉내도 내어 보고 싶은 마음에 설

레고 들뜨기만 한 나이에 아빠로서 너그럽게 농담도 하면서 좋은 얘기로 타이를 수 있었을 텐데 하는 생각에 다시 한번 후회가 되고 아쉬움이 남는다.

낙동강 1,300리 길을 걸으며

10일 차

하회 장터에서 상풍교까지

10 일 차,
하회 장터에서 상풍교까지

안동 풍천과 예천 지보

풍산 시장 근처의 한 모텔에서 라면을 끓여 먹고 아침 일찍 버스를 타고 하회 장터 부근에 있는 풍천면 사무소 옆에 있는 풍천 경찰 지구대가 있는 곳에서 내렸다. 그곳에서 왼편 도로로 가게 되면 광덕교가 나온다. 광덕교를 건너 왼편으로 가야 한다. 나는 여기서 길을 찾지 못해 거의 20여 분을 왔다 갔다 하며 헤매다가 제대로 길을 찾으니 화천 서원과 하회 마을을 한눈에 내려다볼 수 있는 부용대로 가는 길을 찾았다.

여기서 화천 서원의 조그마한 푯말이 있는데 오른쪽으로 가면 화천 서원과 부용대가 있는 데로 가는 곳이고 왼편으로 직진하여야 한다. 그 길로 계속 가게 되면 낙동강을 가로지르는 구담교라는 다리가 있다. 아마 이 다리가 안동시 풍천과 예천군 지보면의 경계선인 것 같다.

이 다리를 건너 바로 왼편으로 방향을 튼다. 계속 길을 걷는다. 그러다 보면 왼편으로 아주 오래되어 붕괴의 위험이 있어서인지 사람만 다니게 되어있는 꽤나 긴 다리인 풍지교를 건너게 된다. 또 걸으면서 간식으로 옛날 나의 중학교 때 60년대 후반쯤에 유행했던 라면땅이라는 봉지에 들은 과자가 있는데 라면이 부서져 있는 모양으로 기름에 튀겨진 과자를 먹으면서 걷고 또 걷다 보니 아내한테서 전화가 왔다. "계속 걷고 있나?" 하면서 안부 전화를 하는 것이다. 그런데 휴대폰에서 우리집 강아지의 컹컹거리며 짖는 소리가 난다. 집사람이 전화로 "제롬아~ 아빠다." 하면서 제롬이의 컹컹거리는 소리를 들려주는 것이다. 그래서 나도 전화에 대고 "제롬아, 제롬아" 하면서 통화 아닌 통화를 하였다.

우리 집 강아지

우리집 강아지는 갈색 털을 가진 토이 푸들이다. 딸(한솔미)이 대학 다닐 때 수원에 있는 원룸에 거주하고 있었는데 딸이 강아지를 한 마리 사달라고 재촉해서 아내가 강아지 한 마리를 데려왔다.

솔미와 강아지가 원룸에서 같이 생활하다가 솔미가 학교 기숙사에 들어가는 바람에 어쩔 수 없이 강아지를 꼭꼭 숨겨서 수원에서 태백까지 버스를 타고 태백 집에 데려다 놓았다. 처음에는 아파트 베란다에서 키울 요량으로 방에 못 들어오게끔 하려고 강아지의 집과 먹이통, 물통, 장난감 등을 베란다에 놓아두고 문을 닫았다. 그러나 강아지가 거실 문을 열어 달라고 낑낑거리며 문을 할퀴는 바람에 할 수 없이 문을 열어주었다. 그리곤 강아지 집과 생활필수품을 거실로 옮겨 놓았는데 며칠 지나지 않아서 거실에서 안방까지 침입하게 되었고, 지금은 침대에서 한 이불을 덮고 자는 모양이 된 후, 이제는 침대 한편을 당당히 차지하며 잔다.

가끔 자다가 일어나 보면 덮는 이불을 깔고 누워 있어 나는 하나도 못 덮고 잘 때도 있다. 또한 강아지는 갖은 애교를 다 떨며 어느새 우리집 대장이 되었다. 강아지의 이름은 '제롬'이다. 강아지의 처음 이름은 '만복이'였다. 이름을 바꾼 이유는 강아지가  아팠던 적이 있었다. 그래서 딸이 아프지 말고 튼튼하게 자라라고 '제롬'으로 이름을 바꾸었다. 만복은 복이 많이 들어오라고 지었는데, 건강이 앞선다는 생각에서 바꾼 것이다. 제롬이란 이름은 이종 격투기 선수에게서 따온 것이다. 어느 날 딸이 TV에서 중계된 격투기 선수 중에 온몸이 근육으로 뭉쳐진 '제롬 르 반더'라는 선수를 보고 나서 너도 아프지 말고 저 선수 모양으로 튼튼해져라 하면서 만복에서 제롬으로 바꾸어 버렸다.

그래서인지 거의 8년이 지난 지금까지 특별하게 아픈데 없이 가족의 사랑과 보살핌을 듬뿍 받으며 튼튼하게 잘 지내고 있다.

🖊 삼강주막과 상풍교

　지보를 지나 예천 풍양이라는 곳을 지나게 되는데 강을 끼고 걷는 것이 아니고 어쩔 도리 없이 내륙 쪽으로 걷다 보니 전형적이 시골 마을 풍경이 눈에 들어왔으며, 삼강 주막이라는 곳이 있다는 안내 간판이 보인다. 예전에 임종순이라는 친구와 삼강 주막에서 막걸리를 마시던 생각이 난다. 삼강 주막은 3개의 강, 금천과 내성천, 낙동강이 합류하는 곳으로, 이곳에는 보부상과 사공들이 왕래하는 삼강 나루터가 있던 곳이다. 가까이에는 예천의 회령포가 있어 관광지의 이미지를 가지고 있다.

　예천 용문에는 돼지 국밥이 꽤나 유명하다. 그래서 용문 시내에 있는 돼지 국밥집에 친구와 들러서 먹던 생각이 나고, 그 집은 유명세를 탔는지 상당히 많은 사람이 있었던 기억이 난다. 삼강 주막에 들리고 싶었지만 갈 길이 바쁘다. 빨리 가서 어느 모텔이 나타나면 그곳에서 하룻밤

쉬고 싶은 생각밖에 나지 않는다. 그러나 모텔이 쉽게 나타날 것 같지 않다. 그냥 걷고 또 걸을 뿐이다. 지쳐있는 몸으로 걷는다. 라면땅도 다 먹어 버렸고 물도 떨어졌다. 모텔이 있을 만한 마을이 나타나기를 바라면서 계속 걷는다. 그렇게 맥없이 걷다 보니 옆에 조그마한 팻말이 눈에 들어온다 "상풍교 게스트 하우스 4km라는 안내 팻말 이다. 반갑기도 하고 서운하기도 하였다. 아직도 1시간 이상을 걸어야 한다는 생각에 힘을 얻기보다는 맥이 풀리는 기분이다. 그러나 어찌할 건가? 방법이 없다. 그곳까지 걸을 수밖에…. 상풍교 다리에 이르니 건너야 한다. 상당히 긴 다리를 건너면 바로 상풍교 게스트 하우스라는 간판이 보인다. 그곳에 도착하니 주인인 아주머니가 반긴다. 그 집에서 저녁을 해결하고 잠자리에 들었다. 이 길도 10시간 이상 걸었던 것 같다.

낙동강 1,300리 길을 걸으며

11일 차

상풍교에서 낙단보까지

11일 차,
상풍교에서 낙단보까지

우산과 우비

상풍교 게스트 하우스에서 아침을 먹고 출발하려 하니 비가 추적추적 내리고 있었다. 금방 그칠 비가 아닌 것 같아서 마침 게스트 하우스에서 비닐로 된 1회용 우비와 우산을 실비로 살 수 있었다.

우비와 우산을 쓰고 하우스에서 나와 건넜던 상풍교를 다시 건너서 바로 오른편으로 방향을 잡았다. 그렇게 우산을 쓰고 걷다 보니 어제 하우스에서 같이 묵었던 일행 6명이 자전거를 타고 옆을 지나면서 "먼저 갑니다." 하며 큰소리로 인사를 했다. 이분들은 여자 2명, 남자 4명의 같은 일행으로 자전거로 낙동강 여행을 하며 대부분이 50대 후반으로 어제 저녁에 같이 식사를 하면서 잠시 담소를 나누었던 분들이다. 그다지 험하지 않은 산속의 자전거 길을 2시간 정도 걷다 보니 비가 그치고 햇볕이 쨍쨍하게, 말 그대로 찬란하게 비추고 있었다. 원래 비가 오다가 갑자기 비가 그치고 햇볕이 내리쬐면 평상시보다 세상이 훨씬 더 깨끗하게 보인다. 자전거 길인데 산속을 걷다 보니 나무와 수풀이 어우러지며, 개천이 흐르는 곳에는 물속에 반짝이는 자갈과 모래가 햇빛에 반사되어 영롱한 수정처럼 맑디맑다. 물빛과 나의 마음도 하나가 되고, 수많은 물방울이 옥구슬이 되어 빛을 발하며 이파리에 맺혀 있어 자연의 푸르른 수풀을 만끽하고 있었다.

📝 문둥이 시인 한하운

  그러한 푸르름의 길을 걷고 있노라니 '보리 피리 불며~ 필리리'라는 시구절이 떠오른다. 30대 후반 한때는 잠들기 전에 머리맡에 성우들이 시 낭송을 하는 테이프를 녹음기에 틀어 놓고 시 낭송을 들으면서 잠을 청하는 습관이 있었다. 그때 여러 시 낭송 중에 나병 환자 시인 한하운 씨의 「보리 피리」 시 낭송이 그렇게 좋았다. 문둥병에 걸린 한하운 씨는 병이 조금 나아질 때는 사회생활을 하면서 시를 썼다고 한다. 그러다가 병이 악화되어 직장을 그만두고 치료에 전념을 할 때는 옆에서 간호하던 사랑하는 여인이 있었다. 한하운 씨가 사랑하면서도 자신의 상황에 어쩔 수 없이 냉정하게 뿌리치며 헤어지고 말았다고 한다. 또한 '아니올시다.'로 시작되는 시구절을 읽고 또 읽으면서도 곰곰이 내용을 되새겨 본 적도 있다. 문둥병에 걸린 자신을 사람도 아니고 짐승도 아닌 것이라며, 이 세상에 잘못 돋아난 것 같다며, 햇볕이 안 드는 음습한 곳에 몰래 숨어서 자라나는 버섯에 자신을 비유하였다. 전생에 억겁의 세월 속에서 죄에 대한 벌을 받고 또 받았음에도 이 세상에 태어나 아직도 벌이 남아 있어 문둥병 환자로 살아가는 것이, 너무나 처참한 고통과 괴로움에 몸부림을 쳤다. 결국에는 소록도에 들어가 시를 쓰며 생애를 마쳤다는 이야기에 극적이며 비참하고도 숙명적인 생을 살다간 그의 삶을 생각하며 젊은 나이에 혼자서 술잔을 기울인 적도 있었다. 과거에는 보건소에 나환자를 전적으로 관리하는 담당 요원이 있었다. 활동성 양성 나환자들은 전라도 소록도에 격리되어 있었으며 외적으로 이상이 없고 접촉을 해도 전혀 전염이 안 되는 음성 나환자들은 비록 소수이긴 하지만 사회에서 정상적인 활동을 하고 있었던 것으로 알고 있다.

그래서 그런 사람들은 신상 명세서에 관해 철저히 비밀에 부쳐져 있으며 나환자 관리 요원이 음성 나환자들을 비공개적으로 만나면서 약도 전해주고, 관리도 해왔던 것으로 알고 있다.

1960년대 중반만 하더라도 나환자(문둥병 환자)들이 길거리에 배회하고 있는 것을 어렵지 않게 볼 수 있었다. 그들은 집을 찾아다니며 대문 앞에서 동냥을 하기도 했다. 그때는 문둥이에 관한 별 괴담도 많았다. 어린아이들이 봄에 진달래꽃을 따러 산에 가면 나환자들이 진달래꽃밭에 숨어 있다가 꽃을 따러 온 어린애를 잡아간다는 얘기, 아기를 잡아먹으면 문둥병이 낫는다는 얘기, 사람의 살점을 먹으면 문둥이 균이 밖으로 모조리 빠져나와 낫는다는 얘기 등이 있다. 미국 영화 배우 스티브 맥퀸이 주연한 빠삐용이라는 영화에서 스티브 맥퀸이 감옥에서 탈출하여 안전지대로 빠져나가기 위해 집단으로 살고 있는 문둥병 환자들의 도움을 받았는데 영화에서 나오는 문둥이들은 흉측한 모습으로 그려지진 않았다. 그러나 1960년대 중반에 나병 환자 들을 실제로 보아온 기억으로는 눈썹이 없고, 손가락을 똑바로 펴지 못하고, 첫째나 둘째 마디가 굽어져 있었으며, 심지어는 손가락의 한두 마디가 없는 환자들을 보아온 기억이 있다.

　70년대 후반, 보건소에 근무할 당시에는 내가 잘 알고 있는 음성 나환자와는 여러 번 악수와 대화를 나눈 적이 있으며 얼굴은 항상 웃음기 있는 밝은 표정이었다는 기억이 있다.

보리 피리

한하운

보리피리 불며 봄언덕
고향 그리워 피-ㄹ 닐니리

보리피리 불며 꽃청산
어린때 그리워 피-ㄹ 닐니리

보리피리 불며 인환의 거리
인간사 그리워 피-ㄹ 닐니리

보리피리 불며 방랑의 기산하(機山河)
눈물의 언덕을 지나 피-닐니리

🌀 상주의 삼백과 낙동나루

그렇게 자유로운 마음으로 걷다 보니 상주의 경천교를 건너게 된다. 다리 난간에는 자전거 라이딩하는 모습의 조형물이 가득하다. 다리 바로 앞에 자전거 박물관이 있으나 그곳에 들러 구경하기에는 마음의 여유가 없이 길만 재촉할 뿐이었다.

경상도라는 지명은 경주와 상주의 앞 글자를 따서 지은 것으로 상주는 영남의 중심부 역할을 해왔으며 옛 이름은 신라 시대 때 행정 구역의 한곳으로 지금의 상주가 사벌주였다고 한다. 낙동강의 중심인 낙동 나루가 있으며, 하늘을 떠받든다는 뜻을 가진 경천대는 관광지로 유명하다. 또한 상주는 예로부터 삼백(三白)의 고장이라 하여 쌀, 곶감, 누에고치가 이곳의 특산물로 유명하다. 삼백의 이유는 하얀 쌀, 흰 누에고치,

곶감의 하얀 시상이 있어서이다. 특히 상주 곶감은 전국에서 가장 유명하다. 그래서인지 상주 시내를 걷다 보면 어느 도로에는 감나무가 가로수 모양으로 도로 옆으로 즐비하게 서있는 것을 볼 수 있다.

이조 시대 때의 낙동 나루는 선비들이 과거 시험에 미끄러진다는 '죽령' 추풍낙엽처럼 떨어진다는 추풍령 고개를 피해 상주를 거쳐 문경 새재를 넘어 과거 시험을 보러 한양으로 가는 길목이었다.

낙동강 700리라는 이야기도 있다. 낙동강 700리는 상주에서 시작하여 부산 다대포에 이르는 강으로써 강의 발원은 강원도에서 했지만, 상주에 이르러서야 제대로 된 강의 모습을 갖추게 되었다는 의미이다.

　　강을 따라 걸으며 상주 보에 이른다. 상주 보를 뒤로하고 계속 걷게
되면 낙동강 이야기 박물관 앞을 지나지만, 이곳에 들를 겨를 없이 길을
재촉하여 그냥 지나치게 되었다.그리고 낙단보와 낙단 대교가 나란히 있
는 곳에 도착하여 이곳에서 머물기로 하고 하루를 마친다. 대략 8시간
정도는 걸었을 것이다.

낙동강 1,300리 길을 걸으며

12일 차

낙단보에서 구미보까지

12일 차,
낙단보에서 구미보까지

🖊 상주와 의성, 구미의 경계지

상풍교를 출발하여 저녁 4시쯤 여유롭게 낙단보에 도착하였다. 낙단보에는 우안 좌안 상주와의 의성 경계선인 것 같기도 하다.

낙단보의 정식 행정 지명은 의성이다. 의성은 강을 끼고 있다기보다는 내륙 쪽에 있는데 이곳 낙단보는 의성의 귀퉁이만 살짝 걸쳤다는 것이 나의 생각이다. 그래서인지 낙단보를 사이에 두고 우안과 좌안의 지역 상권의 분위기가 조금은 틀리다는 것이 느껴지기도 하였다. 나는 의성 쪽에 있는 모텔에서 숙박을 하며, 아침에 라면을 간단히 끓여 먹고, 구미보를 향하여 출발하였다. 이것 또한 낙단보에서 0.5km 정도 벗어나면 행정상의 지명은 구미이다. 이렇게 상주, 의성, 구미 등 3개 지역이 어우러져 있는 곳이기도 하다.

　낙동강을 우측으로 하고 강둑의 자전거 길을 계속 걷다 보니 빗방울
이 조금씩 떨어지는 것이다. 우비와 우산을 미처 준비하지 못하고 그냥
걷다 보니 빗방울이 굵어지는 것이다. 그래서 비를 맞으면서 걷기에는 너
무 무리인 것 같아 임시방편으로 밭에 쓰였다가 강둑 옆에 흙투성이로
버려진 비닐을 칼로 적당히 잘라 우비 대용으로 쓰고 걸으니 나의 행색
이 극히 초라한 것 같아 무엇에 비교할 수 있겠다는 생각이 들었다.

　그렇게 2시간 정도 걷다 보니 비는 그쳤는데 배낭과 웃옷에 비가 많이 새어 들어와 많이 젖어 있었지만, 별 방법이 없었다. 강둑 옆에는 모두 논과 밭이었으며 집들이 멀리 몇 채 보일 뿐이다.

　드넓은 논밭을 옆에 끼고 강둑을 끝없이 걷고 또 걷는다.

🖎 아끼바리

1970년대 후반 공무원 생활을 할 때 오전에는 사무실에서 근무하고 오후에는 시골 마을로 통일벼 심기 홍보 활동을 하러 출장을 다녔던 생각이 난다. 그때까지만 하더라도 시골 농토의 농부들은 한국의 토종 벼인 아키바레를 주로 심었다. 70년대 후반의 당시에는 대다수의 국민들이 봄이 되면 쌀이 귀해져서 쌀밥을 먹기에 벅찰 정도로 쌀이 없었다. 지금의 기억으로는 그때 당시에 쌀이 부족하여 동남아시아에서 안남미라는 (어머니께서는 알랑미라 하심.) 쌀을 수입한 것 같은 기억이 나고 흔히들 얘기하는 보릿고개라는 것을 겪으며 살아왔다.

그래서 그 당시의 정부에서는 벼의 수확량을 획기적으로 늘리기 위해 쌀에 대한 연구를 거듭한 끝에 수원 농촌 진흥청에서 통일벼라는 다수확 신품종이라는 것을 개발하여 내놓았는데 통일벼의 이름이 수원 몇 호, 밀양 몇 호 등이 있었다. 그래서 오전에는 사무실에서 근무하

고 오후에는 담당 구역 시골 마을로 버스도 타고 걸어 다니면서 농부
들을 만나 통일벼에 대한 벼의 많은 수확량과 병충해에 강하다는 것들
을 설명을 하면서 아키바레보다는 통일벼를 심는 것이 훨씬 이익이라고
홍보를 하고 다녔지만, 통일벼는 밥맛이 떨어지며 밥알이 찰지지 못하
고 가볍다는 소문이 퍼져있어 통일벼 심기를 꺼리는 농부들이 많았었
다는 기억이 난다.

🖊 아들, 딸 구별 말고...

요즈음의 지방 행정 시스템은 잘 모르겠으나 그때 당시 각 시(市), 군(郡)마다 보건소에는 국민 건강을 위하고 특정 병 질환을 관리하는 담당 요원들이 있었다.

그중의 하나는 가족계획 관리 요원이 있었다. 그때 당시에는 기하급수적으로 늘어나는 인구 문제를 해결하기 위해 한 자녀 또는 두 자녀 이상은 낳지 말자는 국가 정책 차원의 대대적인 캠페인이 한창이었다. 그러기 위해서 국민 의식 전환이 필요한 때에 우리나라의 유교적인 전통 풍습과 사회적인 인습을 개선하는 데 중점을 둔 사업을 벌여왔다. 그때는 남아 선호 사상이 강하게 퍼져있어 사회적인 문제가 대두되었으며, 딸을 낳으면 그만 딸을 낳게 해달라고 딸 이름이 끝순, 말순, 말자 등이 있었고, 다음에는 아들을 꼭 낳게 해달라고 여자애의 이름을 후남, 필자 등의 이름으로 짓기도 하였으며, 어느 집안의 며느리들은 아들을 낳을 때까지 무한 도전에 나서기도 하면서, 결국에는 아들을 낳은 행운을 쟁취하기도 하고, 딸이 많은 집에는 칠 공주, 딸 부잣집 등의 호칭이 있었다.

아들을 낳은 집은 경사가 났다고 하여 집 대문 기둥에 벼 새끼줄을 금줄이라 여기며 새끼줄을 달아매고 여기에 마른 홍고추를 매달아 놓기도 하였으며, 남편과 시어머니는 온동네에 자랑하러 다니기도 하였다.

유교 사상의 영향을 받은 우리나라는 아들만이 부모를 모시고 제사를 지내준다고 하여 아들 낳지 못하는 며느리는 조선 시대부터 내려오던 칠거지악 중의 하나라고 하면서 집안에서 멸시와 눈총을 받으며, 기를 펴지 못하고, 쥐 죽은 듯이 조용하게만 지내왔던, 며느리들의 수난 시대도 있었다. 그때 당시의 가족계획에 관한 표어를 보면 "딸, 아들 구별 말고 둘만 낳아 잘 기르자.", "많이 낳아 고생 말고 적게 낳아 잘 키우자.", "덮어놓고 낳다 보면 거지꼴 못 면한다.", "적게 낳아 잘 기르면 부모 좋고 자식 좋다."등의 표어와 포스터 등이 난무하였으며 "가지 많은 나무에 바람 잘 날 없다." 등의 말이 널리 퍼져 있었다.

🖊 가족계획과 정관 수술

또한 보건소에 근무하는 가족계획 담당 요원은 오토바이를 타고 다니면서 직장이나 사회단체에서 아기를 낳지 말자는 취지의 강의를 많이 하고 다녔다. 그리고 남자들은 정관 수술을 하자는 대대적인 캠페인을 벌임과 동시에 예비군 훈련장에는 반드시 가족계획 요원이 가족계획에 관한 강의를 하고 즉석에서 정관 수술 지원 대상자를 모으고 있었다. 정관 수술을 받겠다고 나선 지원자는 마음이 변할까 봐 즉석에서 차에 태워 정관 수술을 하는 병원으로 보냈다. 수술을 한 예비군들에게는 예비군 훈련을 얼마 동안 면제해 주는 혜택 아닌 혜택을 주었으며, 상의도 하지 않고 정관 수술을 받았다고 부부간의 싸움이 한동네에서 여기저기 터져 나오는 등 웃지 못할 일들이 많았다.

지금은 역설적이게도 국가 정책 사업으로 자녀 더 낳기 운동을 벌이고 있으며, 자녀를 낳을 때마다 상당한 혜택을 준다는 선전을 지방 자치단체에서 대대적으로 캠페인을 벌이고 있는 것을 보고 있노라면 참으로 격세지감이 아닐 수 없다.

🖊 신기루

　그렇게 이런저런 지나온 일들과 그 시대를 생각하며 걷다 보니 우안 쪽에서 저 멀리 구미보가 보이는 것이다. 구미보는 보의 중간에 3층 높이 정도의 전망대가 있다. 그래서 멀리서 보면 엄청난 큰 바위가 다리 중간에 딱 버티고 있는 것 같은 느낌이 든다.

　낙단보에서 구미보까지는 그리 멀지 않아 힘들이지 않고 쉽게 도착하였다. 낙단보에서 아침 일찍 출발하여 12시쯤에 도착하였다. 구미보 주변에는 식사할 곳이나 편의점 등이 없었다. 다리 아래에 무엇을 팔 수 있는 조그마한 가게가 있었으나 문을 닫았고, 구미보 건너편 멀리에 집이 보였으나 게스트 하우스라는 말을 들었다. 그래서 다음 목표인 칠곡보까지 조금 쉽게 가기 위해서는 구미보에서 어느 정도 더 걸어가는 것이 다음 트레킹이 좋을 것 같아 계속 자전거 길을 걸었다. 이것 또한 계속 강둑을 걷게 되니 지루할 정도이다. 날씨는 구름 한 점 없지만 시원한 날씨이다. 그러면서 계속 일직선으로 된 자전거 길을 걷다 보니 신기루라는 것이 생각난다.

　신기루라 함은 햇볕이 내리쬐는 엄청 더운 날씨에 바닥 표면의 온도와 표면 위 공기 온도와의 차이로 인한 빛의 굴절 현상으로 나타나는 형상이 신기루라고 알고 있는데, 나는 10여 년 전에 겪어 본 것이 신기루가 아닌가 생각 든다. 강원도 호산 삼거리에서 포항까지 대략

145km 정도 되는데 밤에는 모텔에서 숙박을 하며 4일 동안 걸어서 포항에 도착했던 경험이 있다. 걷노라면 해변을 끼고 있는 죽변이라고 하는 마을 내륙 쪽에는 유사시에 필요로 하기 위해 비행기가 뜨고 내릴 수 있는 아주 긴 활주로가 있다. 과거에 동해안 쪽으로 갔을 때는 그 활주로를 통과 할 수 있어 승용차로 몇 번 간 적이 있지만 실제로 비행기는 보지 못했다.

7월 중순쯤인 것 같다. 그 활주로로 걸어가고 있는데 저 멀리 앞쪽에 가물가물하는 듯하면서도 움직이고 있는 3, 4명 정도의 사람의 형상이 무척이나 크게 보이면서 검게 보였다.

어릴 적 만화에서 그런 가물가물하는 물체를 잘 나타내 주는 그림을 본 적이 있다. 이글거리는 태양 아래 아스팔트의 활주로에서 이쪽으로 걸어오는 느낌이었다. 그때 나는 '신기루라는 것이 저런 것인가?' 하는 생각이 섬뜩 들었다. 점점 거리가 가까워지면서 실체를 보았을 때는 남자 2명과 여자 1명이었다. 헛것을 본 것은 아니지만, 그렇게 가물가물하는 형상은 처음 보았다. 그러한 것이 신기루 현상이 아닌가 싶다.

✎ 걱정도 팔자다

　살아오면서 걱정이라는 굴레가 우리의 일부분이 된 것처럼 우리 곁을 항상 맴돌고 있다가 나도 모르게 사라지고 또다시 찾아오고 삶 자체가 걱정으로 모든 세월을 보낸다고 해도 과언이 아닌 것 같다.

　가난한 자와 부자도 모두 하나같이 걱정으로 살아가는 것이 인생인 것 같다. 누가 그럽디다. 걱정의 종류 중에 돈 걱정이 걱정을 해결하기에는 제일 수월하다고…. 병고에 시달려 걱정이 된다고, 자식이 속을 썩여 걱정이 된다고, 무슨 걱정 등 대부분이 해결될 일도 아니고 안 될 일도 아닙니다. 그러나 돈은 욕심과 직결됩니다.

오랜 옛날 과테말라에서 전해오는 이야기
마야의 지혜와 전통을 담아 후손들이 정성껏 만든 수제작 인형

오랜 옛날부터 과테말라에서 전해오는 이야기가 있어요.
잠자리에 들기전 걱정거리를 하나씩 이야기하고
베개 아래에 넣어두면 잠을 자는 동안
걱정인형들이 각자의 걱정거리를 멀리
사라지게 해준다고 믿었어요.

　　그러니 욕심을 버리면 돈 걱정은 간단히 해결된다고 합니다. 물론 인생 살면서 걱정 중에 돈 걱정이 가장 많은 것 같습니다. 소유하고 싶은 물질 욕심 때문입니다. 어느 책에서는 '걱정의 40%는 절대로 현실로 일어나지 않고, 걱정의 30%는 이미 일어난 일에 대한 것이고, 걱정의 22%는 안 해도 될 사소한 것이고, 걱정의 4%는 우리의 힘으로도 어쩔 도리가 없는 것이고 걱정의 4%는 우리가 바꿀 수 있는 것이다.'라는 글을 본 적이 있습니다. 티베트의 속담에는 '걱정을 해서 걱정이 없어지면 걱정이 없겠네.'라는 얘기가 있습니다. 또한 걱정 인형이 있다고 하네요. 남미 과테말라의 고산 지대에 살고 있는 인디오들의 유래가 있다고 합니다. 걱정 인형은 자투리 천과 실타래, 그리고 나무 등으로 만든 작은 인형으로써 잠자리에 들기 전에 걱정 인형에게 걱정거리를 얘기하며 베게 밑에 넣어두고 잠이 들면 내가 자는 동안 인형들이 내 걱정거리를 가져가서 걱정이 사라지게 한다고 합니다. 어떠한 문제에 대해 확신을 갖고 일을 추진한다면 걱정이 되더라도 크게 반감이 되지요. 그러니 부정적인 시각으로 보지 말고 긍정적인 시각으로 문제 해결을 한다면 반드시 좋은 일이 되리라 생각하며, 또한 걱정은 기다려 줄줄 알아야 해결됩니다. 기다릴 줄 모르고 조급한 마음이 앞서면 걱정 때문에 생각이 각박해지고 시야가 좁아집니다. 부정적인 시각이 앞서면 오늘도 걱정, 내일도 걱정, 일년 내내 걱정이 떠나지 않습니다. '흔히들 걱정도 팔자다.', '걱정한다고 될 일이냐?' 심지어는 '하늘이 무너질까 걱정이다.'라는 허망한 얘기까지 있습니다. 또한 쓸데없는 걱정을 한다고 얘기도 합니다. 그렇습니다.

대부분이 쓸데없는 걱정입니다. 쓸데없는 걱정하느라 한세월 다가고 잘될 일도 안 됩니다. 하지만 환갑이 넘은 아들이 외출할 때는 어머니에게 "잘 다녀오겠습니다." 하고 인사합니다. 그러면 어머니께서는 "몸

조심하고 차 조심하거라 쓸데없이 남들하고 싸우지 마라."라고 말씀하시면서 항상 걱정을 해주시는 어머니의 걱정은 진심 어린 걱정이며 존경 받아야 할 걱정도 있습니다. 걱정의 원인은 과욕이 대부분입니다. 현재의 가지고 있는 것에 대해 작든 크든 그것에 감사하는 마음이 중요합니다. 정신적으로든, 물질적이든, 나이가 많든 적든, 학식이 많든 적든 모든 것에 감사의 마음을 갖는다면 걱정이 대부분 사라지지 않을까? 하는 생각입니다.

🖊 긍정적인 상상력

'우리의 상상력이 현실보다 앞선다.'라고 어느 책에서 본 것이 갑자기 생각납니다. '과거에 내가 한 행위에 대해 다른 관점으로 상상력을 발휘하여 실행했다면 행위의 시점에서 어떤 변화가 있었을까?' 지나가 버린 것에 대한 희망이 없는 상상력은 아무런 필요가 없으면서도 가끔은 하게 됩니다. 나이가 들수록 기분 좋은 희망의 상상력보다는 걱정의 상상력을 많이 하는 것 같습니다. 걱정이 많아지면 망상의 피해 의식을 느끼게 해줍니다. 그래서 쓸데없는 상상력은 안 하는 것이 좋을 듯합니다. 어떤 현실적인 문제에 부딪혔을 때 딜레마나 갈등이 있을 때 흔히들 주위에서 '잘 생각해서 해라.', '이것저것 잘 따져보고 해라.'라는 말을 많이 듣습니다. 분명한 것은 명쾌한 해답은 없다는 것입니다. 나이가 들면 마음의 여유를 갖고 주위의 환경과 여건을 좌고우면하면서 충분히 고려하여 실행에 옮기라는 말입니다. 이것은 구상력을 함께 해보고 그러했을 때 결론은 어떻게 되는가? 하는 것까지 생각해 보라는 뜻일 것입니다. 구상력과 함께 경험 있는 사람과 상의도 해보고 신중을 기해 구상을 해본다면 딜레마나 갈등의 문제가 어느 정도 조금씩 좋은 방향으로 풀릴 수 있는 것이 아닌가? 생각해봅니다. 그리고 중요한 것은 안 될 때는 어떡하나? 하는 부정적인 면부터 생각하지 말고 '잘 되겠지.'라고 하면서 잘 되려면 어떻게 해야지 하는 것부터 긍정적인 구상력을 발휘한다면 생각지도 않은 곳에서 실마리가 풀리는 긍정의 힘을 생각해 봅니다.

🖊 배려

우리가 나이가 들며 세상을 살아가면서 넉넉지 못한 사람들이 마음이나 물질적으로 가진 자들보다 오히려 더 베풀고 있는 것을 우리는 많이 보아 왔습니다. 그것은 아마도 넉넉하지 못한 사람들이 가난하거나 아무것도 가지지 못한 어려운 환경이 어떠한 것인지 경험에 의해서 쉽게 상상할 수 있기 때문인지도 모릅니다. 그래서 그들은 가난하고 어렵게 살아가는 사람들에게 귀를 더 많이 기울이고, 더 쉽게 마음을 나눌 수 있고, 더 가까이 다가갈 수 있는 것이 아닌가? 생각해 봅니다. 모두 그렇다는 건 아니지만, 일반적으로 처음부터 부유한 사람들은 아무것도 가지지 못하였거나 조금 가진 것이 어떤 것인지 피부로 느끼지 못하고 배려의 생각을 할 수 있는 공간이 좁은 것은 궁핍의 경험을 겪지 않았기 때문인 것이 아닌가? 생각해봅니다. 그리고 부유한 자와 가난한 자의 똑같은 행위가 사회적으로 비난의 대상이 되었을 때 부유한 자의 행동이 대체적으로 먼저 자연스럽게 대두될 수 있는 현상이 아닌가 생각도 해봅니다. 허망하고도 극단적인 얘기를 한다면 "빵이 없으면 과자를 만들어 먹으면 되지."라고 하였다는 이 무지하고 황당함을 느끼게 하는 말 한마디가 세상에 우스갯소리로 회자되고 있는 자와 없는 자와의 사이에 아무렇게나 비교되는 엄청난 괴리감이 발생되기도 합니다.

우리가 살고 있는 공동체 사회에서 중요시하게 여기는 것이 질서와 화합을 얘기하는 것이 아닌지 생각합니다. 그러나 이것을 파괴하는 요인

중의 하나가 빈부의 격차가 심화되는 것입니다. 가진 자와 없는 자와의 사이에 반목하고 질시하며 살아가는 것을 자본주의 사회의 어쩔 수 없는 현상이라며 방관만 한다면 걷잡을 수 없는 사회 혼란을 야기할 수도 있다는 생각이 듭니다. 그러므로 서로가 배려의 마음으로 조금이나마 정기적으로 기부를 하거나, 사회에서 벌은 재산을 사회에 되돌려준다는 정신을 가진 사람들을 크게 존경해야 하며 없는 자들도 배려의 마음으로 살아간다면 건강한 사회를 이루지 않을까? 생각해 봅니다.

✎ 나를 안다는 것

나는 나를 잘 알지 못합니다. 내가 어떤 사람인가? 하고 알고자 하는 마음은 있으나 진정으로 나를 알기를 꺼리고 내키지 않습니다. '진정으로 나를 알아야만 삶의 질이 변하고 발전할 수 있는데.'라는 마음이 여러 번 하곤 했습니다. 지피지기면 백전백승이라는 옛말도 생각납니다. 알고자 하는 마음이 수차례 있었지만, 조금 생각하다가 언제 그랬냐는 식의 포기하기를 여러 번 했었습니다. 나 자신에게 점수를 준다면 55점정도 주고 싶은 마음입니다. 점수로 봐서는 수, 우, 미, 양, 가 중에 미와 양사이에 끼여 있는 것 같은 점수입니다. 그래서 '내가 잘난 놈이 못 되는구나.' 하는 생각에 자신감이 없어져 더욱이 알고자 하는 마음이 내키지 않은 것 같습니다. 중학교 1학년이나 2학년 때 아이큐 검사를 한 적이 있는데, 점수가 105 정도가 아니었던가? 하는 생각이 납니다. 친구에게 이 점수가 어느 정도냐 하고 물어보았더니 좋은 편이 아니라고 했습니다. 하지만 나 스스로 머리가 나쁘다는 생각을 안 해보았습니다. 그렇다고 좋다는 생각도 안 해보았습니다. 그러나 기억력은 확실하다고 생각하곤 합니다. 이것 또한 아집에서 비롯된 것이 아닌가? 하는 생각될 때도 있지만, 아집을 쉽게 버리지 못하는 모양입니다. 학교 다닐 때 공부를 그다지 잘하지 못한 이유는 아이큐 문제가 아니라 집중력이 없어서인 것 같았습니다. 바둑이나 낚시를 하거나, 그렇지 않으면 어떤 것을 만들거나, 운동 또는 기타를 치거나 여러 것 중 무엇 하나 제대로 한 것이 없었습니다. 중학교 2학년 때 기타를 치고 싶어서 어머니에게 기타를 사달라고 매달렸던 것으로 기억납니다. 그때 집안 사정이 좋은 편이 아님에도 불구하고 어머니께서 사주셨는데 그것도 도레미파 정도만 치고 더 이상 발전이 없었습니다. 이 또한 '끈기나 하고자 하는 의지가 약해서.'라고 생각이 듭니다. 무엇 하나 번듯한 것이 없으니 내가 싫은 때가 한두 번이 아니었습니다.

지금은 거의 다툼이 없지만, 젊었을 때 어쩌다 보면 타인과 심하게 말다툼을 해서 육체적인 싸움 직전까지 갈 때가 있었습니다. 상대방을 제압하느라 강하게 몰아붙이면서도 그 와중에 찰나적으로 타협의 생각이 머리를 스칠 때가 한두 번이 있었습니다. 막말로 삼수갑산 가더라도 한번 해보자는 마음이 강했지만, 한쪽 구석에는 타협점을 찾으려 했다는 생각을 할 때 나 자신이 비겁하고 약한 마음이었다는 생각이 듭니다. 그래서 그렇게 잘난 놈이 못 되는구나 하는 생각이 들곤 합니다. 그래서 나를 알고자 하는 강한 마음이 별로 안 생기는가 봅니다.

무엇을 하게 되면 그것이 공부든 취미든 몰입을 해야 하는 건데, 그저 적당히 하다 흐지부지되는 상황만 되풀이되고, 몰입이 안 된다는 생각에 여러모로 못나서 그러는구나 하는 생각이 들었습니다, 하지만 이제부터라도 나의 있는 그대로 주위 환경과 가진 것에 대해 부정적인 시각보다는 긍정적인 마음을 가지려고 합니다.

그러면 나도 모르게 성숙한 사회생활을 할 수 있지 않을까? 생각을 해봅니다. 나 자신을 못났다고 질책 해왔지만, 그래도 지금까지 사회 공동체의 한 구성원으로서 사회의 올바른 질서로 요구되는 것에 위반되는 행동은 하지 않았다는 생각이 듭니다. 사회에 모범이 되지는 못하였지만, 규범을 지키며 나 자신의 나름대로 평범한 가정을 지키는 가장으로서 살아온 것에 대한 긍지를 가지려 합니다.

🖊 감추어진 신체적 결함

내가 5살 때 야외에서 찍은 사진이 하나 있다.

내가 중학생이었을 때, 어느 날 어머니와 함께 방에서 가족사진첩을 꺼내 보다가 얼굴을 몹시 찡그리며 서 있는 나의 사진을 보게 되었다. 그때 어머니께서는 표정이 몹시 찡그려져 있는 나의 모습에 그럴만한 이유가 있다고 말씀하셨다.

'나는 군대를 가지 못하였다.'

군대를 가지 못한 이유는 신체적 결함 때문이었다. 지금까지 60을 넘어가고 70세에 가까이 왔어도 돌아가신 부모님과 누님, 아내 이외에는 친구들이나 가까운 친척들도 나의 신체적 결함에 대해서 알지 못한다. 살아오면서 가끔은 사람들에게 "쟤는 가는귀가 먹은 것 같다." 라는 얘기는 몇 번 들었고, 지금까지 같은 길을 걸을 때는 상대방을 항상 나의 왼쪽에 두고 같이 걸었다. 이유는 오른쪽 귀가 먹통이기 때문이다. 어머니는 내가 4살 때 영양실조에 걸렸다고 하였다. 이유인즉 동생과 나는 2년 차이였는데 내가 먹어야 할 어머니의 젖을 동생이 차지해 버려 제대로 먹지 못해서 영양실조에 걸려 병을 앓았다고 확실하지는 않지만 어머니께서는 단정적으로 말씀하셨다. 어느 날 말씀하시기를 내가 햇볕이 잘 드는 양지 바른 곳에 앉아 고개를 숙이고 울면서 눈을 계속 비비고 있기에 어머니께서 나에게 다가와 나의 얼굴을 치켜 올리며 자세히 보니 왼쪽 눈에 흐릿한 뿌연 막이 눈동자를 반 정도 덮고 있다고 하셨다. 그리고 오른쪽 귀에서는 고름이 나오고 있다고 하셨다. 그것을 보시고는 어머니는 걱정이 태산 같다고 하시면서 살던 곳이 시골이고 6.25 전쟁이 끝난 지 3~4년 정도밖에 안 된지라 병원에 가 볼 생각은 엄두도 내지 못하면서도 어떻게 해보아야겠다는 생각에 안달이 났다고 하셨다.

마침 10리 정도 떨어진 곳에 닭을 파는 가게가 있어 어머니께서는 닭 가게 주인에게 통 사정을 하여 닭 간을 하루에 한 개씩 얻어 나에게 먹였다고 하시고, 여러 잡동사니를 함에 넣어 지고 다니면서 물건을 파는 방물장수에게서 자라도 있어 자라를 사다가 목을 잘라 자라 피를 몇 번 먹였다고 하셨다. 그랬더니 어느 날 귀에서 나오던 고름이 멈추고 눈동자를 덮고 있던 뿌연 막도 걷히더라는 말씀을 하였다. 그러나 그때 발병되었던 왼쪽 눈과 오른쪽 귀는 나은 듯했지만 병이 너무 진행되었다. 겉모습은 멀쩡했지만, 왼쪽 눈은 시력을 잃었으며 오른쪽 귀는 고름이 나는 심한 염증에 의해 고막이 쪼그려져 있어 전혀 들을 수 없게 되어 버렸다.

내가 아주 어렸을 때에 일어났던 일인지라 다행히도 다른 한쪽 귀와 한쪽 눈은 양호하였기에 별 불편함을 느끼지 못하고 세상을 살아왔지만, 성인이 되어 직장의 취직과 정기적인 건강 검진이 있을 때는 내 주변의 사람들이 전혀 알지 못하도록 수단과 방법을 가리지 않고 나의 신체적인 결함을 감추면서 살아왔다. 또한 사회생활을 하면서 비교적 건장한 체격에 술도 호탕하게 마시려 하였다.

고향 친구들과의 술좌석에서 군대 얘기가 나오면 군대를 가지 못하였던 나를 몇몇 친구는 알고 있었기에 나는 아무 소리 하지 않고 술만 마셨지만, 사회에서 사귄 친구나 직장 사람들과의 술좌석에서 군대 얘기가 나오면 나는 오히려 큰소리로 "야! 나는 육군 병장 한 병장! 33개월 만기 제대한 한 병장이다!" 하면서 호탕하게 얘기할 때도 있었다. 그러면 의심의 여지없이 모두 그렇게 생각했던 것 같다. 비록 거짓말이었지만 나에게 직접적으로 물어본 적도 없어 악의가 아닌 선의의 거짓말이었다고 스스로 위안을 삼는다. 군대를 가려고 예비 훈련병 집합소였던 논산 연무대까지 갔었지만, 거기서 정밀 신체검사 결과 논산 훈련소에 배치되지 못하고 집으로 되돌아와서 다음 해에 징집 신체검사에서 훈련도 없는 징집 완전 면제를 받았다. 또한 아내도 나의 신체적 결함을 알지 못한 상태에서 결혼 생활을 하다가 어느 날 얘기를 하니 별 반응 없이 무덤덤한 표정을 지으면서 그것이 무슨 별개 문제인가? 하면서 "잘 살면 되지." 하며 남의 얘기하듯이 말하는 아내에게 고마움을 느끼기도 하였다.

낙동강 1,300리 길을 걸으며

13일, 14일 차

구미보에서 왜관까지

13일, 14일 차,
구미보에서 왜관까지

🖊 구미의 아침

구미보를 지나 어느 정도 걷다 보니 숭선 대교가 보이고, 구미역이란 이정표가 쉬고 싶은 나의 마음을 살짝 흔들어 놓았다. 어차피 오늘 칠곡 보까지는 못 갈 것이면 오늘은 이쯤 해서 걷기를 멈추고 모텔에서 푹 쉬자는 생각으로 시내를 향해서 걸었다.

다음날 아침, 늘 그래 왔듯이 모텔에서 라면을 끓여 먹고 길을 나서니 아직은 어둡지만 여명이 시작되는 시각이었다. 그렇게 시내를 벗어나 한참을 걸으니 멀리 구미 대교가 보이는 것이다.

구미 대교가 보이는 시각에 회사로 출근하는 사람들이 많이 있었으며, 주변에 출퇴근 버스와 더불어 공장도 많았다. 몇몇은 뛰기도 하며 빠른 걸음을 하고 있었으며, 출근하는 사람들의 얼굴 표정과 옷매무새를 보노라니 나 또한 걸음이 빨라지고 있다는 것을 느꼈다.

🖋 취업 준비생의 고난, 그리고 짜장면

몇 년 전에 한강 길을 걸었을 때 팔당 대교와 미사 대교를 지나 드디어 서울 한강의 첫 다리라고 내 나름대로 생각하는 강동 대교에 도착하니 피곤이 온몸에 밀려왔고 시간도 오후 6시 정도 되었다. 그날은 어머니 집에 머물기로 하고 강동 대교 둑을 내려오니 마침 바로 앞에 버스 종점인 것 같은 상일역에 가는 마을 버스가 있었다. 지하철을 타고 어머니 집에 도착하니 마침 딸(솔미)이 독서실에서 막 와 있었다. 그때는 딸이 취직 시험에 대비하여 공부하느라 독서실에 왔다 갔다 할 때였다. 어머니와 솔미가 이렇게 함께 저녁 식사를 하면서 이런저런 얘기를 하다가 솔미에게 독서실에서 취직 시험 공부를 하다 보면 스트레스가 많이 쌓였을 텐데 하루만이라도 유유히 흐르는 드넓은 한강을 바라보며 나와 함께 걸으면 가슴이 탁 트일 것이라고 얘기하면서 같이 걸어보면 어떻겠냐고 제의를 했다. 이에 솔미가 나의 제의를 흔쾌히 받아들여 걸어 보겠다는 것이다.

다음날 아침 일찍 어머니 집에서 아침 식사를 서둘러 먹고, 상일역에 가는 지하철과 마을 버스를 타니 7시 30분에 강동 대교에 도착해 강을 바라보며 한강변을 같이 걷기 시작했다. 걸으면서 별로 대화는 없었다.

점심때가 되어서 걷는 것을 잠시 멈추고 동호 대교 바로 직전에 시내로 들어가 압구정동 현대 백화점 부근에서 함께 자장면을 먹었다.

그러고 나서 솔미가 조금 피곤한 것 같다고 하여 나는 계속 걷기로 하고 솔미는 지하철을 타고 집으로 갔다.

요즈음 시대에 젊은이들에게는 흔히들 그러한 것처럼 솔미도 대학을 졸업하고 사회에 발을 디뎠으면 부모의 도움 없이 독립하여 활기차게 젊음을 발산할 수 있는 사회생활이 되어야 하는데, 얼마 동안은 취직 시험에 몇 번 떨어지고 집에서 매일 간편한 운동복만 입고 다니며 핏기 없는 얼굴로 말없이 집과 독서실에만 왔다 갔다 하는 모습을 보노라면, 애처롭고 측은한 마음이었다. 한편으로는 아비로서

의 의무를 다하지 못한 것 같고 여러 가지 생각을 하며, 마음이 좋여 오기도 했다. 어떤 때는 술 한잔 먹고 괜한 마음에 "남들이 다하는 직장 생활을 우리 딸은 왜 못하는 거야?" 하고 솔미에게는 직접 얘기하지는 못하고 만만한 아내에게 불평을 늘어놓기도 하였다. 그러했을 때는 아내는 나에게 기다려 보라고, 그리고 용기를 주면서 기다려 주어야 한다고 하면서 그 또래의 친구들은 취직을 해서 저녁에는 친구들과 어울려 외

식도 하고 여행 계획도 세우면서 즐겁게 지내는 것을 당사자는 그런 것을 안 보고 사는 줄 아느냐? 하면서, 당사자는 오죽이나 답답하겠느냐? 하면서 아내는 나무라면서도 오히려 나를 다독거려 주었다. 지금에 와서 그러한 것들이 생각날 때는 믿음과 용기를 주는 마음보다는 나의 입장에서만 생각하고, 식구들에게 조급함을 드러내었던 것이 창피하기도 하고 미안한 마음이다. 그러한 것에 아내의 핀잔대로 나이가 환갑이 지나고 62세가 되었는데 헤아려 줄줄 모르고 조급한 마음이 앞서고 있으니, 아직도 철이 덜 들은 모양인가 보다. 지금은 딸이 취직을 해서 맡은 업무에 충실하고 있다. 어느 날 한강 길을 같이 걷다가 점심때 한강변을 빠져나와 점심으로 자장면을 같이 먹던 압구정동에 있는 그 집을 딸이 직장에서 퇴근길에 우연히 발견하고는 그것이 상당히 반가웠던 모양이다. 그 가게를 사진 찍어서 카톡으로 나에게 자장면집 간판을 보내고 몇 마디의 전화 통화도 하였다. 딸에게는 한강변을 걷다가 점심때 자장면을 먹었던 것이 추억이 되었던 모양이다.

낙동강 1,300리 길을 걸으며

15일 차

왜관에서 대구 화원 유원지까지

15일 차,
왜관에서 대구 화원 유원지까지

🖊 왜관

평소대로 자전거 길을 걸으면서 초콜릿 과자도 먹으며 또 걷고 때가 되면 산길에서 라면을 끓여먹고 또 걸으며 지루함을 느끼기 시작할 시점에 칠곡보에 도착하였으나, 보 부근에는 아무런 상업 시설이 없고. 생각보다는 빨리 도착하여 시간이 남아 있었다. 칠곡보에서 왜관 시내까지는 그리 멀지 않아서 왜관에서 하루를 마무리하기로 하고 발길을 재촉하였다.

    왜관 시내에 있는 모텔에서 아침 일찍 라면을 끓여 먹고 여명의 시간에 출발하였다. 우측으로 조금만 가면 낙동강의 강둑이면서 자전거 길을 만날 수 있다. 오늘은 강정 고령보까지가 목표이다. 거리상으로는 80리 정도 되는 것 같은 조금은 먼 거리이기에 일찍 나섰다. 칠곡군 왜관읍은 칠곡 군청 소재지로 교육청, 문화관 등이 모두 이곳에 있다.

    왜관이라는 지명은 일본인을 뜻하는 작은 왜(倭)에, 숙박을 할 수 있는 집을 뜻하는 관(館)으로써 일본인이 거주할 수 있는 곳을 가리켜 왜관이라 하며, 일본 통상의 배가 이곳까지 왕래할 수 있었다 한다. 6.25 전쟁 때 북한군으로부터 낙동강을 사수하고자 전투가 치열했던 곳이기도 하고, 미군 비행기가 엄청나게 많은 폭격을 가했던 곳으로 매년 낙동강 전투 전승 기념행사를 개최한다고 한다. 지금도 미군 부대가 배치되어 있는 곳이기도 하다.

🖊 쓸모없는 나무가 천수를 다한다

낙동강 길을 계속 걸으며 보통은 아무런 생각도 없이 무작정이며 무의식적으로 길을 걷는 때가 대부분이며 과거의 나와 나의 주변에 일어났던 흥미로웠던 일들이 이따금씩 생각나기도 하지만, 금방 잊어버리고 아무 생각 없이 걷게 된다. 또한 현재의 상황에 대해서도 생각나기도 하지만 2, 3분도 채 안되어 잊어버리게 된다.

지금의 현재 사회 분위기는 공부하고 있는 대학생과 대학을 졸업하고 몇 년째 취직 시험에 몰두하고 있는 취업 준비생들 간에는 부모 찬스라는 새로운 용어가 널리 회자되면서 정의와 공정 사회 시스템에 대한 여론이 현 사회의 큰 이슈로 대두되고 있고, 너 나 할 것 없이 매스컴이 시끄럽게 돌아가고 있는 상태이다. 나 또한 지루하게 걷다 보니 아무렇게나 생각하며 우스웠던 것이 떠올라 몇 자 적어 본다.

"쓸데없는 나무가 천수를 다한다."라는

장자의 말씀이 새삼 떠오른다.

진보니 보수니 하며

작금의 시대를 선도해 나간다면서

정의와 공정성을

고무줄 잣대로 들이대며

자기들만의 세상으로 만들어가는

지성인이라고 자처하는 놈들의

꼴을 보고 있노라니

별 볼 일 없고

있으나 마나하는 나 같은 놈은

낙동강 물줄기를 따라

세상 구경할 수 있어

나는~~♬♪~ 행복♪합니다♪♬

나~는 .....♬♪♪....

하느님, 감사합니다!

🖎 강정 고령보와 디아크

　한강 길 걸을 때도 마찬가지이지만, 걷다가 점심으로 또 라면을 끓여
먹고는 또 걷는다. 보통 집을 나서 걷게 되면 아침과 점심은 대부분 라면
과 빵 등으로 끼니를 채운다.

　강을 따라 걷다 보니 낮에 식당을 만나는 것이 극히 드물다. 그러
나 저녁만큼은 잠잘 곳이 있으면 대부분 식당도 있기에 소주 한잔 걸
치면서 식사다운 식사를 할 수 있다. 걷노라니 강정 고령보가 저 멀리
에 나타난다.

보의 중간쯤에 뾰족한 큰 철탑 같은 것이 솟아 있다. 사람들은 강정 고령보라 하지 않고 그냥 강정보라 보통은 일컫는다. 이곳 강정보는 우리나라 4대 강에 설치된 16개의 보 중에서 가장 긴 물막이 보(洑)로서 보의 길이는 953.5m이다.

경북 고령군과 대구 달성군 사이에 위치한 강정 고령보는 왼편에 고령보를 한눈에 볼 수 있는 커피숍이 3층에 있으며, 조금만 직진하면 조형미와 예술성이 뛰어나다는 디아크라는 이름을 가진 조금은 이상하기도 하고 방주 같기도 한 건물이 눈에 확 들어온다. 이곳은 낙동강을 찾는 관람객들을 위한 복합 문화 공간으로 활용되고 있다고 한다.

디아크는 강과 물, 자연을 주제로 완성된 건축물로서 상당히 특이하다는 느낌을 받았다. 고령보에 가면 한번쯤은 구경하기를 추천하고 싶다. 잔잔한 물 위에 돌을 튕겨 만드는 물수제비, 수면 위로 뛰어오르는 물고기 같기도 하며, 한국의 전통 도자기인 막사발 같기도 하다는 여러 표현을 나타내는 건축물이기도 하다. 디아크는 The Architecture of River Culture 또는 Artistry of River Culture의 약자로서 The ARC이다.

강정 고령보의 옛 이름은 우륵교라 하였는데, 고령군과 대구의 지역적인 갈등으로 인해 현재에 자동차는 다니지 못하고 자전거와 사람만 다니게 되어있다.

이제는 달성보로 가야 하는데 그곳을 가려면 강정보를 건너서 왼편으로 꺾어 대구 화원을 향하며 걸어야 한다.

낙동강 1,300리 길을 걸으며

16일 차

화원 유원지에서 현풍까지

16일 차,
화원 유원지에서 현풍까지

🖊️ 친구와 사문진 나루터

강정 고령보 (이곳 주민들은 우륵교 또는 강정보라 부른다.)의 주변을 둘러보고 이 다리를 건너게 되면 좌측에 길이 있어 그 길을 걷게 된다. 원래는 강정보에서 하루의 일정을 마치려 하였다. 하지만 주변에는 커피숍과 1층의 식당이 있으나 식당은 문을 닫았고, 그 이외에는 상업 시설이 전혀 되어 있질 않았다.

그래서 그곳에 산책 나온 사람들에게 숙식할 곳을 물어보니 아래로 내려가면서 화원 유원지 쪽으로 가야 한다는 얘기를 들었다. 그곳을 향하여 걷고 있는데 과거 고등학교 전기과 같은 반에 다녔던 윤준희라는 친구가 생각이 났다. 그 친구는 잠깐이나마 강원도에서 교사 생활을 하다가 대구로 가서 계명대학교 학생과 행정 직원으로 근무하던 중 대학교 노조 지부장을 하였던 친구이다. 어렸을 때부터 카리스마가 있던지라 학생 시절 아무도 갈구지 못했던 친구였다. 그 친구에게 전화를 하니 걷고 있는 나의 위치를 묻고는 그곳에서 조금만 걸으면 화원 유원지라 하고 그곳에서 만나자 한다. 꽤나 긴 다리를 지나니 바로 화원 유원지이며 시내버스 종점이기도 했다. 그 친구를 만나 하루 저녁을 대구 시내에서 즐겁게 지내고 그 다음날 아침 일찍 모텔로 나에게 다시 찾아와 콩나물 해장국으로 식사를 마친 다음 나를 화원 유원지까지 바래다주었다. 친구의 세심한 배려에 감사의 인사를 하고 또다시 낙동강을 향해 발길을 재촉하였다.

📎 100대 피아노와 100인의 연주

유원지에서 시내로 나가 강가 쪽으로 가면 달성 습지 생태 학습관이 있다. 이 학습관 뒤쪽에서부터 낙동강 강가에 나무와 철집으로 만든 데크가 사문진 나루터까지 되어있어 이 길을 걷는데 낙동강 위에 설치되어 있는 데크 덕분에 강 위를 걷는 기분이며, 낙동강의 정취를 흠뻑 느낄 수 있는 꽤나 먼 거리이다. 낙동강의 옛 나루터인 사문진 나루터는 낙동강 상류와 하류를 연결하는 하천 교통 요지였다고 한다.

그리고 예전에 이곳에서 피아노 100대를 설치해 놓고 피아니스트 임동창과 같은 피아니스트 100인이 함께 피아노 공연을 하였다고 하니 과연 그 피아노 연주 소리는 어떠했을까? 하고 상상도 해보았지만, 나로서는 별로 실감이 가지 않는다.

사문진 주막촌을 빠져나오면 둑으로 된 자전거 길이 있다. 이 길을 30여 분 정도 걸으면 정자가 있다. 이곳을 지나 달성보를 향하여 계속 걷게 된다.

🖊 잊고 싶은 기억들

많은 길을 걸으면서 생각지도 못하였던 까마득한 과거의 추억들이 잊혀지지 않고 나의 내면 깊숙이 숨어 있으면서 60년 가까이 세월이 지났지만, 어떠한 것들은 필름 몇 컷이 뇌리를 스치고 주마등처럼 지나간다. 그러다가 다시 이어지는 듯이 흐릿하게 기억되기도 한다. 초등학교 입학 전인가? 후인가? 일 때, 친구네 집에 놀러 갔다가 방바닥에 동전이 떨어져 있는 것을 보고 주위에 아무도 없기에 주워서 그냥 주머니에 넣었던 기억이 희미하게 찰나적으로 스치고, 중학교 1, 2학년 때쯤인가 어른(성인 남자)이 내게 다가와서 너의 이름이 뭐냐고 물었을 때 나도 모르게 엉뚱한 이름을 말했던 것 같은 기억이 난다. '내가 왜 엉뚱한 이름을 대었을까?', '무엇을 잘못했길래 어린 마음에 속이려 했는가?' 하고 곰곰이 생각해 보며 속이려 했던 이유를 찾으려 하였지만 기억이 나지 않는다. 이러한 것들이 그때 당시에 가족들을 포함한 타인들이 내가 정직하지 못하였던 행위에 대한 사실을 알고 있다고 생각하면 소름이 꽉 끼칠 때가 여러 번 있었다. 지금에 와서 그러한 기억들에 이러한 것들이 지워지지 않고 어쩌다 툭툭 튀어나오는 걸까? 하고 생각해 보았지만 시원한 해답은 없었다. 한편으로는 내가 위선적이고 부정적인 시각이 많아서 '내가 정직하지 못하였던 일들이 영원히 지워지지 않고 기억되나 보다.' 하고 생각할 때도 있고, 그것이 얼핏 기억될 때마다 지금도 마음 한구석이 불편함을 느낀다.

그 한 예로는 아내와 말다툼을 하게 되면 대부분이 나로 인해 다툼이 시작되는 일이 많은데 은인자중 하지는 못할망정 오히려 내가 신경질적인 반응을 나타낼 때가 많다. 목소리가 커지고 일부러 아내의 마음을 상하게 하려고 있지도 않은 못된 말을 할 때도 있다. 그 순간 '이건 잘못된 말이다.' 하고 직감적으로 느끼면서도 그냥 말을 막 해버리는 것이다. 이러한 것들을 얼마 지나지 않아 잠깐이나마 곰곰이 생각해 보면 '나의 정신세계 양식이 한참 잘못되었구나.' 하는 걸 느낄 때가 많다.

🖋 흐지부지하게 되는 반성

많은 일들에 대한 나의 사고방식은 긍정적인 시각보다는 부정적인 시각이 더 많이 차지하기 때문인 것 같은 기분이 든다. 흔히들 하는 얘기로는 앞으로 나이가 더 들면 마음이 협소해지고, 돈의 씀씀이가 소심해지며, 내가 옳다는 주장이 더욱 강해진다고 하는데 걱정이 앞선다. 그래서 지금부터라도 매사에 긍정적인 사고를 가져야겠고 습관화해야겠다. 그래야만 마음의 평화를 찾을 수 있을 것 같다. 긍정적인 습관으로 바뀌면 인생이 달라진다고 하지 않는가? 흔히 얘기하기를 돈보다 건강이 중요하다고 얘기한다. 그러나 그것보다 더 중요한 것이 있다. 건강보다 마음의 평온이 더 중요하다. 마음의 평온이 없고 어지러우면 육체의 건강과 건전한 정신을 해친다고 생각하면서도 얼마 지나지 않아 또 잊어버리고 흐지부지하게 되는 반성의 생각을 하면서 걷다 보니 멀리 떨어진 달성보의 전망대가 보인다.

낙동강 1,300리 길을 걸으며

17일 차

현풍에서 적포까지

17일 차,
현풍에서 적포까지

달성보와 도동서원

달성보에는 4층쯤 되는 높이에 전망대가 있는 곳으로 기억된다. 그동안 많은 보를 거쳐 왔지만 전망대는 별로 올라가 보지 않았다. 예전에 한강 길을 걸을 때, 여주의 마지막 보인 이포보의 전망대를 올라가 보았던 기억이 나고, 그 다음으로는 이곳이 처음이 아닌가 생각이 든다.

달성보 주변에는 아무것도 없고 보를 관리하는 건물 안에 편의점이 1개 있을 뿐이어서 그곳 직원에게 식사할 곳을 물으니, 현풍 시내로 가야 한다는 얘기를 들었다. 그리고는 현풍으로 발걸음을 재촉하였다. 대략 6km를 걷다 보니 현풍 시내로 진입할 수 있었다. 현풍은 읍으로서 중소 도시의 면모를 갖추었으며, 깨끗한 모텔도 여러 곳 눈에 띄었다. 이곳에서 숙박을 하고 이른 새벽 여명의 시간에 출발하여 시내에 진입하였던 길을 되돌아가서 자전거 길을 찾아 긴 다리를 지나니 터널이 멀리 보였다.

그 터널 이름은 도동 서원 터널이라고 하는데 그 터널 안으로 자전거도 다닐 수 있게 별도의 자전거 도로를 설치해 놓았다. 터널 안의 자전거 도로는 한강 자전거 길에서 양평에 두 곳이 있는데, 그 길은 예전에 기찻길이었다. 지금은 기찻길이 아니고 자전거 전용 도로이며, 한여름에 그곳을 걸어갈 때 그렇게 시원할 수가 없었다.

도동 서원 터널 안의 자전거 길을 지나 터널을 빠져나가면 바로 왼편

으로 다람재라는 언덕이 보인다. 아마도 터널이 있기 전에는 다람재로 왕래를 한 것 같다. 조금 더 걸으니 도로 왼편에 도동 서원이 나타난다. 도동 서원에서도 도산 서원이나 풍산 서원과 같이 서원 앞에 확 트인 낙동강이 유유히 흐르고 있다. 우리나라 5대 서원 중에 하나로 안동의 도산 서원, 병산 서원, 영주의 소수 서원(일명 백운동 서원), 경주의 옥산 서원이 있으며, 이곳 도동 서원이 있다.

도동 서원 앞에는 몇백 년은 족히 됐을 것 같은 고목의 은행나무가 있으며, 웅장한 느낌을 주는 서원이다. 그 서원 앞에서 배낭을 내려놓고 낙동강을 바라보며 물 한 모금을 마시며, 잠깐 이나마 주위를 돌아보고 길을 재촉했다. 얼마 걷지 않아 다 쓰러져 가는 슬레이트 지붕이 덮인 낡은 집을 발견했다. 그 옆에는 아주 오래된 재래식 화장실인 듯한 변소가 보인다. 걸으면서 그 변소를 생각하니 문득 어머니의 말씀이 생각난다.

🖋️ 똥통과 똥지게

옛말에 "똥물이 약이다."라는 말이 있다. 실제로 저의 아버지께서는 사기로 된 국그릇에 5분의 4 정도 담긴 똥물을 마셨다고 어머니가 말씀하신 것이 기억난다.

강줄기와 산길을 걷다 보면 옛 시골집이 가끔 보인다. 누르스름한 흙벽돌집에 지붕이 빛바랜 녹슨 양철로 되어있고, 낡은 집 벽에는 땔감용 장작이 가지런히 잔뜩 쌓여 있다. 한편에는 재래식 화장실이 별도로 있는데 그런 화장실을 보노라면 나 어릴 적의 기억은 공동으로 쓰는 재래식 화장실에는 채소밭에 거름으로 쓰기 위해 분뇨를 풀 수 있고 담을 수 있는 똥통과 똥지게 도구가 뒷편에 있어서 필요하면 누구나 사용할 수가 있었다.

똥을 풀 수 있는 도구로는 긴 장대에 옛 군인들이 썼던 철모가 단단히 메어 있어 그것으로 고여 있는 몇 년씩 묵은 똥을 휙휙 저어 가며 똥

을 퍼 똥통에 담아 똥지게로 운반하여 밭에다 뿌리거나 볏짚이나 마른 풀잎, 나뭇잎과 섞어서 밭의 거름으로 쓰곤 하였다. 몇 년씩 묵은 똥들은 자체적으로 용해되어 시푸르면서도 진한 갈색을 띤 아주 묽은 액체 상태로 되어있다.

6.25 전쟁이 나기 전, 아버지는 이북에 계실 때 부르주아 사상범으로 몰려 공산당원들로부터 엄청나게 핍박을 당했다고 하신다. 어느 날 졸지에 잡혀간다거나 린치를 당할 수도 있는 긴장의 연속에서 그 핍박을 견디지 못해 1948년도 10월에 남한으로 도망 나오다시피 내려오셨다.

그리고 6.25 전쟁이 터져 남한과 북한이 적대적인 대치 속에 북한이 남한의 많은 지역을 점령하고 있었을 때, 북한의 인민군들이 남하한 사람들을 색출하였다고 한다. 그때 아버지께서도 붙잡히셨다고 하셨다. 붙잡힌 사람들을 영창에 집어넣고 인민군들이 매일 몽둥이로 엄청나게 때렸다고 어머니께서 말씀하셨다. 그렇게 얼마 지났는데 갑자기 국방군이 쳐들어온다는 소식에 인민군들은 무엇 하나 제대로 정리하지 못하고 급히 도망치느라 죄가 경미한 자들은 그냥 풀어 주었다 하셨다. (어머니께서는 남한 군인을 국방군이라 칭하였으며, 북한 군인을 인민군이라 하셨다.)

🖋️ 똥물이 약이다

그때 아버지께서는 인민군으로부터 풀려났지만, 나무 몽둥이로 얼마나 많이 맞으셨는지 온몸이 시퍼렇고 팔뚝이 허벅지만큼이나 온몸이 퉁퉁 부었고 얼굴은 눈을 못 뜰 정도였다고 하신다. 그런 상태에서 집에 누워만 계시며 거의 죽음에 이른 상태가 되신 아버지를 보고 어머니께서는 부종이 가라앉는 약을 구하러 사방팔방으로 알아보시던 어느 날 이웃 할아버지가 몸이 부은 데는 똥물을 먹으면 부종이 가라앉는다는 말씀을 듣고는 이것저것 가릴 겨를도 없이 그 다음날 똥 숫간(어머니는 옛날 재래식 화장실을 이렇게 말씀하셨다.) 뒤편에 가서 똥을 푸는 도구로는 박으로 만든 박 바가지로 똥을 휙휙 저어가며 완전히 몇 년 된 것 같은 액체인 시푸르고 갈색을 띈 똥물만을 골라 그것을 사기 국그릇에 담아 아버지께 갖다주셨다고 하신다.

아버지는 그것을 보시더니 살려면 별 방법이 없다고 생각하셨는지, 또한 그것이 독약이 될 수도 있다고 생각하셨는지, 한참을 그것을 바라보다가 눈물을 뚝뚝 흘리시더니 양손으로 똥물 그릇을 잡고, 쭉 마시는 동안 그릇을 입에서 떼지 않고 단번에 다 마셨다고 하신다. 그리고는 양치질은 물론 소금물로 가글하며 입안과 목을 헹구시고 생마늘을 씹어 먹는 걸 하루에 몇 번씩 거의 일주일을 그와 같은 행위를 하셨다고 하신다.

며칠 지난 후, 정말 그것이 효력이 있었던지 거짓말처럼 부었던 몸이 점점 가라앉기 시작하더라는 말씀을 하시면서 똥물이 아버지를 살렸다고 어머니께서 옛날 얘기하듯이 말씀하셨다. 아버지께서는 건강하게 사시다가 노환으로 92세에 돌아가셨다.

🚲 무심사의 가파른 자전거길, 그리고 걷고 또 걸으며

무심코 길을 걷다 보면 가끔은 엉뚱하고도 별스러운 생각을 할 때도 어쩌다 있곤 한다. 이렇게 별생각 하면서 강가의 자전거 길을 걷다 보니

'무심사'라는 절로 가는 길이 나왔다.

이 또한 자전거 길로써 강가에서 산으로 올라가는데 꽤나 가파른 길
이었다. 숨을 고르며 올라가니 비교적 규모가 큰 절이었으며, 부처님 동
상과 4대 천왕 동상이 큰 규모로 절 마당에 세워져 있고, 절에 올라 앞을
보니 낙동강이 한눈에 들어왔다. 절 뒤편으로 가파르게 올라가서 정상에
도달하니 반대편에 또 다른 자전거 길이 있었다. 왼편으로 한참을 내려가
니 왼편으로 소들이 많고 규모가 큰 축사들이 많이 들어서 있었다.

　　그리고 비탈진 곳에 터덜터덜 지쳐있는 발걸음으로 내려가고 있는데,
양지바른 길가에 태어난 지 얼마 되지 않은 강아지 3마리가 쫄랑대며
나를 반긴다. 강아지의 모습이 귀여워 배낭에 있는 비스킷을 주고는 마
을을 빠져나와 30분 정도 걸으니 합천 창녕보가 보인다.

이곳 또한 보 주위에는 상업 시설이라고는 아무것도 없다.

그러하기에 모텔이 나타날 때까지 또 걷는다. 몸은 지쳐 있지만 눈앞에 나타나는 모텔이 하루의 종착지이다. 어쩔 방법 없이 무작정 걷는다. 걷고 또 걷다 보니 적포라는 곳에 두 곳의 모텔이 보인다. 매번 경험하는 것이지만 모텔이 보이면 그렇게 반갑다.

그러면서도 '저 모텔은 얼마나 받을까?', '적게 받았으면 좋겠는데.', '비싸지 않아야 할 텐데.' 하는 생각으로 꽉 차 있으면서 모텔 창구에서 모텔비 부르는 값에 오천 원이라도 깎아야 한다는 마음으로 모텔에 접근한다.

낙동강 1,300리 길을 걸으며

18일, 19일 차

적포에서 남지까지

18일, 19일 차,
적포에서 남지까지

영아지 마을과 남지개 비랏길

적포라고 하는 곳에 있는 모텔은 시내와 조금 떨어져 있어서 식사를 하려면 5분 정도 걸어가야 한다. 조그마한 마을이어서 걱정했으나, 식당이 두 곳이 있어서 천만다행으로 여기고 김치찌개와 막걸리 한잔을 곁들이며 그날의 지친 몸을 달래었다. 다음날 아침 모텔을 나와서 조금 걸으면 왼편으로 있는 적포교라는 다리를 건너지 말고 오른편으로 걷는다. 이렇게 무지한 길을 걷다 보면 영산과 장마라고 하는 지명이 나오는데 이것을 무시하고 자전거 길을 찾아 걸으며 낙동강 길을 걷게 된다.

점심은 길거리에서 라면을 끓여 먹고 계속 걸어가니 영아지라고 하는 마을이 나타나게 된다. 지명이 조금은 특이하다는 생각을 하면서 걷는다. 영아지 마을 입구에 들어서기 전에 오른편으로 낙동강 남지 개비리길이라는 간판이 보이고 그곳에 낙동강 변을 걷는 숲길이 보인다. 남지 개비리길은 개(犬)가 비리(절벽)길로 다녔는데, 사람들이 그 개가 다니는 길로 다녀보니 남지 시내로 가는데 시간이 많이 절약된다고 해서 그 길로 다니게 되어 남지 개비리길이라고 하게 되었다 한다.

🖊 다리에 쥐가 나다

트레킹을 하기에는 상당히 좋은 길일 것 같아 다음에 시간을 내어 한번은 걸어 볼 것이라 생각하며 갈 길이 바빠 영아지 마을로 들어서는데, 갑자기 오른쪽 종아리에 쥐가 나는 것이 아닌가? 통증을 느끼며 절뚝거리게 되는 것이다. 순간적으로 낙동강 길의 완주가 수포로 돌아갈 수 있겠다는 생각을 하면서 자리에 앉아 다리를 주무르면서 잠시 쉬었다. 절뚝거리며 영아지 마을에 들어서니 집이 5, 6채 정도 있었다. 그리고 마을 회관이 있었다. 마을 회관에는 노인 세 분 정도가 계셨는데 길을 물어보니 산을 넘는 길이 자전거 길이긴 한데 상당히 가파르고 깊은 산이라 하셨다. 이 시간에 빨리 걸어도 가다 보면 어두워질 것이라 하셨다. 잘못되면 가도 오도 못하는 꼴이 될 것 같은 생각에 마을 회관에서 하룻밤을 지내면 안 되겠느냐고 했더니 안 된다고 하신다.

그래서 아주 난처해진 입장을 몇 번 말씀드렸더니 그중 한 분이 조금 있으면 택시가 올 것이라 하신다. 자기가 남지 시내에 있는 병원에 약을 타러 갔다 와야 한다고 하시면서 그 택시를 타고 같이 나가자고 하셨다. 택시비는 안내도 된다고 하셔서 택시비는 제가 드리겠다고 하니, 노인분들은 시내에 볼일이 있으면 마을 회관에서 발행하는 택시 표를 발급 받아 택시 회사에 연락하면 택시가 영아지 마을까지 와서 남지 시내까지 태워 준다고 하시면서 택시비는 안내도 된다고 하셨다.

🖊 공짜로 택시를 타다

'아! 여기저기 다니다 보니 이런 감사해야 할 일도 생기는구나!' 하는 생각이 들었다. 택시에 내리면서 주머니를 뒤져 보니 4,000원이 있길래 적지만 음료수라도 사 잡수시라고 드리니 극구 사양하여 거의 던지다시피 노인에게 드리고는 헤어졌다.

나중에 알고 보니 택시 표를 내면 택시 기사님이 이 표를 동사무소나 군청에 제출하여 택시비를 지원 받는다는 것을 알게 되었다.

남지 시내에서 하룻밤을 묵고 시간의 여유가 많은 것 같아 10시쯤 남지에서 택시를 타고 다시 영아지 마을로 갔다. 그리고 마을 회관에 들러 감사의 말씀을 드리려 하니 아무도 안 계셨다.

영아지 마을 뒷산으로 올라가니 바로 가파른 길이었다. 한강 길과 낙동강의 자전거 길 중에 가장 험한 길이라는 생각이 든다.

　　전날 다리에 쥐가 나서인지 다리 상태가 정상은 아니라는 느낌이 들었다. 그래서 조심조심 올라갔다. 소형 승용차 1대가 겨우 다닐 정도의 좁은 길이었는데, 도로 포장은 되어 있었고 군데군데 쉼터도 있었다. 두 시간 정도 계속 가파른 길을 올라가니 산 정상에 설 수가 있었고 내려가는 길은 완만한 길이었다. 꽤나 멀리 가길래 어제 영감님이 말씀하신 대로 산이 깊다는 것을 알 수 있었다. 그 길도 한나절 걸리는 길이었다. 내려오면서 농로를 가다가 시내에 들어오는 입구에 유서 깊은 남지 철교를 건너게 된다.

📉 남지철교

  남지 철교 주변에는 음식점들이 많이 있으며, 철교 밑으로 체육공원
인 듯한 넓은 공터가 있어 거기에는 캠핑카와 캠핑 천막을 많이 볼 수
가 있었다. 창녕 남지 철교는 창녕과 함안 사이의 낙동강을 가로지르는
1933년에 개통하였으며, 계절의 변화에 따라 철제의 신축을 조절하는
이음 장치를 사용하는 등 그 당시의 최신 건축 기술을 사용하였다. 하지
만 지금은 오래된 다리라서 차량은 다닐 수 없고 자전거와 사람만이 다
닐 수 있는 다리가 되었다.

한국 전쟁(어머니께서는 이것을 6.25 대 사변 또는 6.25 동란으로 말씀하시곤 하였다.) 당시 낙동강 최후의 방어선으로서 북한군의 낙동강 도하 작전을 저지하기 위하여 미군이 남지 철교를 전부 폭파시키지는 않고 3분의 1 정도만 폭파시켰다 한다. 그 이듬해 복구하였으며 지금은 남지 철교 바로 옆에는 4차선의 남지교라는 다리가 건설되어 있다.

어제 쥐가 났던 다리 상태가 염려되어 더 걷지 않고 남지 시내에 있는 모텔에 묵으면서 다리 마사지를 해야겠다는 생각에 일찍 여장을 풀었다.

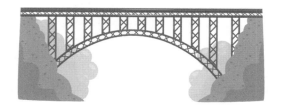

✎ 아~어머니, 그리고 위안부와 6.25 동란

남지 시내에 있는 식당에서 저녁 식사를 하면서 소주 한잔을 곁들이며, 수난의 남지 철교와 6.25 전쟁을 생각하니 어머니께서 6.25 동란을 겪으셨다는 얘기가 생각난다.

어머니는 집에 계시다가 뇌출혈로 쓰러져 급히 병원으로 옮겼으나, 뇌에 출혈이 심하여 의식을 회복하지 못하고 돌아가셨다. 어머니께서 돌아가시던 날, 누님은 어느 누구보다도 매우 슬퍼하며 병원 복도에서 눈물을 많이 흘리셨다.

어머니(유영실)의 고향은 평안북도 영변군 구장면으로 그곳에서 다섯 남매 중 막내로 태어나 집안 식구들에게 귀여움을 독차지하며 유년 시절을 보내셨다. 여기서 그 당시의 사회생활 상태를 잠깐 소개하고자 한다. 그 당시에는 일본의 대동아 전쟁(어머니는 그때의 태평양 전쟁을 대동아 전쟁으로 칭하셨다.)으로 인해 순진무구하기만 하던 조선의 어린 소녀들이 일본군 위안부로 끌려간다는 소문이 무성한터라 어머니께서는 위안부로 끌려가지 않기 위한 방편으로 급히 결혼을 할 수밖에 없었다고 하신다. 그래서 같은 고향에 살던 아버지와 결혼식을 서둘렀다 하셨다. 그때 어머니의 나이는 17세였다. 그리고 어머니의 언니(유확실)도 비슷한 일을 겪으셨다는 기억이 있다. 어머니의 언니께서는 키가 작으시고 몸이 약한 편이다. 태평양 전쟁 당시 어느 날 일본인이 어머니 집으로 찾아와 어머니의 언니를 똑바로 세우더니 그 일본인이 손으로 한 뼘씩 이어 가며 키가 얼마나 되는지 재어 보았다고 하셨다. 그렇게 손 뼘으로 재어 보고는, 키 기준에 미달되었는지 아무런 말도 하지 않고 그냥 가더란 말씀이 기억난다.

그때의 어머니와 어머니의 언니가 겪으셨던 일을 되새겨 보면 대한
민국 역사에 있어 조선의 어린 소녀들에게 그 시대는 아주 험한 수난
의 시대였다는 생각이 든다. 어머니의 결혼 후 아버지는 영변에서 보
통학교(지금의 초등학교)에 교편을 잡고 계시면서 어머니와 함께 단
란한 가정을 꾸려 나가셨다. 세월이 2, 3년 지난 후, 그 당시에 북한에
는 공산주의 사상을 가진 사람들이 정권을 장악하고 있을 때였다. 아
버지께서는 지주(地主)의 아들이었다는 점에서 공산주의와 반대되는
부르주아 사상이 다분히 의심된다 하여 사상범으로 지목되었다. 어느
한순간에 그들로부터 테러나 잡혀갈 수 있는 급박한 상황이 돌출될
수도 있어 주위에서 경계의 눈초리와 핍박을 견디지 못하고 1948년도
에 거의 도망치다시피 남한으로 내려오셨다. 아버지는 갓 결혼을 한
19세의 어머니와 돌을 겨우 지낸 아기를 남겨 두고 떠나야 하는 급박
한 상황에서 남한 서울로 내려갔다가 곧 데리러 오겠다고, 조금만 기
다리라고 어머니에게 약속을 해놓고 떠나셨지만, 거의 1년이 지나도
아무런 소식이 없었다.

🖊 핏덩이를 둘러업고~

　어머니는 누님을 출산하고 1년이 겨우 지낸 상태였다. 그때는 우리나라가 일본으로부터 해방되자 나라를 되찾았다는 기쁨도 가시기 전에 열강 국가들의 이데올로기와 이권 다툼으로 북위 38선(일명 삼팔선)을 기점으로 민주주의와 공산주의라는 서로 다른 이념으로 남과 북이 갈라지고 말았다.

　세상이 혼란스럽고 서로 반목하고 있는 상태에 뒤숭숭한 소문만 무성하다 보니, 어머니(유영실)께서는 마음이 극도로 불안하여 집에서 아버지를 마냥 기다릴 수 없어서 아버지를 찾아 나서야겠다는 결심을 갖

게 되셨다. 그래서 다급한 대로 결혼할 때 받은 약간의 패물만 챙겨서 핏덩이(어머니께서는 그때의 상황을 말씀하시면서 누나를 이렇게 표현하셨다.)를 담요로 감싸 안고, 1949년도 초가을에 평안북도 영변에서 남쪽의 서울로 아버지를 찾겠다는 일념으로 그 머나먼 길을 산 넘고 강 건너 갖은 고생을 겪으시면서 남쪽 서울로 내려오셨다.

🖋 인민군과 국방군

말씀에 의하면, 하루 종일 산길을 걸었는데, 산허리만 돌았는지 맨 그 자리였다는 말씀도 하셨고, 그날도 걷다 보니 인민군들이 앞으로 오는 것이 보이길래 얼른 옆에 있는 수수밭에 숨었는데, 등에 업혀 있던 아기가 우는 바람에 인민군들에게 들켰다고 하셨다. 그리고 인민군들이 총부리를 앞세우고 수수밭에 들어오는 걸 보고는 그때의 상황을 설명할 수 없을 정도로 정신이 혼미하셨다고 하였다. 그리고 인민군들에게 둘러싸여 어느 시골집으로 갔는데, 거기에서 인민군 한 사람이 시골집 주인에게 밖으로 한 바퀴 돌고 올테니 어머니를 데리고 있으라고 했다 하신다, 그리고 그 인민군이 주변을 한 바퀴 돌려고 다시 밖으로 나갔을 때, 어머니께서는 시골집 주인에게 사정 얘기를 하며 손가락에 끼고 있던 결혼 금반지를 빼어주면서 남쪽으로 내려가게 길을 가리켜 달라고 통사정을 하니 그 시골집 주인이 남쪽으로 내려가는 길을 인민군들

　몰래 그 사람이 알려 준 대로 밤을 새워 삼팔선을 내려왔다 하셨다. 내려와서 한참을 걷다가 국방군(어머니는 남쪽 군인들을 국방군이라고 표현하셨다.)을 만나셨다고 한다. 그때 어머니는 자리에 털썩 주저앉아서 남한으로 내려오시는 과정이 스치며 '이제는 안심이다.'라는 생각이 들어서 하염없이 눈물을 흘리며 대성통곡을 했다고 하신다. 그래서 남편을 찾아 내려왔다고 자초지종을 얘기하는데 우연히 거기서 아버지의 친구분을 만났다고 한다. 그래서 소식을 물으니 아버지가 지금 육군 사관 학교를 가기 위해 준비하고 있다면서 만나게 해주겠다고 하시는 것이다. 그래서 아버지를 극적으로 만났다. 평안북도 영변군 구장면에서 서울로 어떻게 내려가야 하는지는 전혀 생각지 않은 채 무작정 아버지를 찾으러 가겠다는 일념 하나로 겨우 돌 지난 아기를 담요 한 장으로 들쳐 업고 남한으로 내려오신 걸 생각하면 참 놀랍다. 그것도 시골에서 부모님과 성실하기만 하셨다는 오빠들의 말씀만 들으며 동네를 한 번도 벗어나지 않고 한글만 겨우 터득한 순진무구한 17세의 소녀가 일본군 위안부로 끌려가지 않기 위해 뜻하지 않게 졸지에 결혼을 하게 되고, 시집을 간 지 몇 년 지나지 않아 이북에서 이남으로 걸어서 내려오는 기막힌 운명을 겪어야 했던 어린 아낙이 어디서 그런 용기가 났는지…. 나로서는 도저히 해낼 수도 없고, 그러한 결심을 실행할 수도 없었을 것이다. 어머니가 삼팔선을 내려와 이러한 불가사의한 일을 해내셨다는 생각을 하면 지금도 가슴이 먹먹해질 뿐이다.

그래서 그길로 아버지는 육군 사관 학교를 가려던 것을 포기하고 어머니와 충청남도에 내려가 잠깐 동안 거기에서 사셨다고 하신다.

✒️ 두 동강 난 영토

조상 대대로 내려온 고향 땅에서 이웃들과 다정하게 지내면서 봄이면 마을 전체가 합심하여 모내기를 하며 1년 농사를 시작하고, 가을이면 추수한 햅쌀로 빚은 떡을 그릇에 담아 서로 나누어 먹으며 살아온 사람들에게 공산주의가 무엇이고 민주주의가 무엇인지 이런 것들이 사람이 살아가는데 무슨 필요가 있는지 이야기를 나누었다. 하지만 시간이 지나면서 들어보지도 못하고 실체도 없는 괴물 같은 이데올로기의 사상 때문에 그렇게 순진무구하기만 했던 이웃들이 어느 순간에 서로 반목하고 질시하며, 심지어는 부모, 형제들 간에도 원수가 된 것처럼 갈라져 버리게 되었다.

삼천리금수강산에 생판 듣지도 못하고 보지도 못했던 양놈(서양인)들이 이 땅에 들어와 아름다운 강산의- 5천 년 역사에 중국을 비롯한 일본, 몽골, 등에 끊임없이 침략을 받아왔지만 조상들의 피의 대가로 지켜 온 -이 땅이 쑥대밭이 되고, 결국에는 우리의 강토와 오천 년 역사가 두 동강이 나버리는 처참한 꼴이 되고 말았다.

　이것도 모자라 이념과 양놈들 때문에 단군 조선이래 하나의 핏줄을
가진 한민족의 동질성을 여지없이 짓밟아 버리는 최대의 비극을 낳은
동족상잔(同族相殘)의 피비린내 나는 6.25 전쟁이 터져 버렸다. 얼마 전
까지만 하더라도 이웃 간에 형님, 동생 하면서 어깨동무를 하였지만, 총
부리를 서로 겨누는 원수지간이 되어 참혹했던 3년의 전쟁으로 끝나게
되었다. 하나의 통일된 국가가 아닌 두 동강이 난 나라로 고착화만 되고
말았으니 부모 세대나 이 시대, 아니 후대에까지 동강이 난 영토에 살고
있는 세대들은 엄청난 불행이라 아니할 수 없다.

또한 이데올로기라는 괴물 같은 실체도 없이 세상만 혼란스럽게 만들어 버린 것 때문에 기막힌 사연을 지닌 채 어머니는 돌아가셨고, 장례 내내 누님은 말없이 눈물만 흘리셨다.

어머니께서는 건강하게 지내시다 90세에 돌아가셨다.

청산은 나를 보고 말없이 살라하고

나옹선사

청산은 나를 보고 말없이 살라하고
창공은 나를 보고 티 없이 살라하네
사랑도 벗어놓고 미움도 벗어놓고
물같이 바람같이 살다가 가라하네

청산은 나를 보고 말없이 살라하고
창공은 나를 보고 티 없이 살라하네
성냄도 벗어놓고 탐욕도 벗어놓고
물같이 바람같이 살다가 가라하네

낙동강 1,300리 길을 걸으며

20일, 21일 차

남지에서 부곡, 그리고 삼량진까지

20일, 21일 차,
남지에서 부곡, 그리고 삼량진까지

🖊 부곡 하와이와 밀양교

　남지 모텔에서 늘 그래왔듯이 아침 일찍 라면을 끓여 먹고, 길을 나서니 새벽이었다. 남지 시외버스 정류장 쪽으로 가면 약간의 언덕인데 이곳에서 오른편에 있는 다리를 건넌다. 이 또한 걷고 또 걷게 되면 창녕 함안보를 만나게 된다.

　이 보는 낙동강의 마지막 보이기도 하다. 함안보를 지나 갈대밭의 낙동강 변을 계속 걷게 된다. 걷다 보니 원편으로 4km 정도 가면 부곡 온천이 있다는 간판을 만났다. 그때의 시각은 오후 3시 30분쯤 되는 것 같다.

그래서 과거에 그 유명하다는 부곡 온천에 한 번도 가보지 못하였는데, 이 기회에 부곡 하와이에 가보기로 하고 강변을 벗어나 왼쪽으로 방향을 트니 데크가 있고 농로가 있었다. 이 길을 걷다 보니 70대쯤 되어 보이는 영감님이 자전거를 끌고 가시길래 부곡 가는 길을 물어보았다.

영감님의 집이 부곡 시내에 있는데 가는 길이라고 하시면서 나와 말 동무하며 시내까지 걸었다. 시내에서 영감님과 헤어지고 나서 부곡 온천의 관광지는 시내를 지나 조금 더 걸어가야 했다. 부곡 하와이가 무엇인지 몰랐었는데 호텔의 명칭이었다. 규모가 상당히 크다는 생각이 들었다.

부곡 관광지를 구경하면서 하루를 마치고 싶은 생각이었는데, 김해에 살고 있는 이윤식이라는 친구에게 전화가 왔다. 낙동강 길을 걷고 있는 나에게 용기와 응원을 해주고 싶어 부곡으로 온다는 전화였다. 이 친구는 고등학교 동창으로 금속과를 졸업하고 창원에서 금속 주물에 관한 상당한 기술을 갖고 있어서 기능 올림픽 경상남도 주조 부문 심사 위원이기도 했던 친구이다. 오랜만이면서 참으로 반가운 친구이기에 부곡 시내에서 만나 적당히 술과 많은 이야기를 나누며 그 다음날 해장국을 먹고 헤어졌다.

다음날 모텔을 나서는데 몸이 가뿐하였다. 온천물에 몸을 담가서 그런지 역시 온천물이 다르다는 생각을 하며 오늘 하루는 삼량진까지 가는 것을 목표로 잡았다. '꽤나 먼 거리지만, 열심히 걸으면 갈 수 있지 않겠나?' 하는 생각으로 걸어갔다. 이것 또한 갈대 많은 낙동강 변으로 계속 걷는다.

　　강나루 오토캠핑장을 지나게 되는데 넓으면서도 깨끗하게 조성된 밀
양 오토캠핑장이었다. 강변을 계속 걷다 보니 수산 시내가 나오는 것이
다. 수산도 중소 도시로서 갖추어야 할 상권은 모두 갖추었다는 느낌을
받았다. 시내에서 아이스크림을 사 먹고 걷다 보니 수산교가 앞에 보인
다. 수산교를 건너지 않고 강둑을 자전거 길로 만든 길을 걸었다. 역시
점심으로 길거리에서 빵을 먹으며 걷다 보니 강 건너 저편에 철교 비슷
한 다리가 보이는데 이곳 주민이 그 다리는 마산으로 가는 철교라고 이
야기했다. 그것이 경전선이라는 것을 나중에 알게 되었다.

그곳에 가면 삼랑진인데 그곳으로 가지 못하고 낙동강과 밀양강이 합치는 곳에서 밀양강 위쪽으로 따라 올라가게 되어 있다. 밀양강이 흐르는 역방향으로 밀양강 둑을 따라 계속 걸어야만 했다. 그곳을 2시간 정도 걸으니 저 멀리 밀양 시내가 보이는 것이다.

왠지 밀양이란 지명은 한 번도 가보지 못했지만, 친근감이 가는 지명인 것 같다. 이유는 정확히 모르겠지만 밀양 아리랑, 영화 밀양 등으로 다른 생소한 지역보다는 많이 들었기 때문인 것 같다. 2시간 정도 걸은 시점에서 밀양강을 가로지르는 긴 다리가 있는데, 이 다리를 건너지 말고 다리 밑에 강을 건너는 잠수교 비슷한 다리가 있다. 이 콧구멍 다리로 가야 한다.

　그러면 건너서 오른편으로 방향을 선회하면 밀양강 둑을 걷게 되며 밀양강과 낙동강이 합치는 곳으로 다시 가게 된다.

　이곳부터 삼량진이다. 합치는 곳에 좁은 길이 있는데 약간은 '생뚱맞은 길이다.'라고 느낄 정도로 일반 도로와는 다른 기분의 길이다. 길옆에 매운탕과 회를 파는 집이 2곳 정도 있는데, 집 뒤로는 강으로 떨어지는 낭떠러지이다. '아, 여기서 물고기를 직접 잡아 식당을 운영하는구나.'라는 생각이 드는 곳이었다. 이곳을 지나니 넓은 도로가 나왔다. 거기서 10여 분 정도 더 가야 삼량진 시내에 들어갈 수 있었다. 오늘은 지쳐 있었기 때문에 시내까지 들어가지 않고 진입로 입구에 있는 옛날 여관에서 하루를 마쳐야겠다는 생각을 하였다.

🪨 한강 이포보의 추억

　예전에 한강 길을 걸었을 때의 기억이다. 여주 남한강에 있는 이포보를 출발해서 남한강과 북한강이 만나는 양평 두물머리(양수리)를 향해 가고 있었다. 강을 옆에 끼고 호젓하게 걷다가 길을 잃어버렸다. 그때 무슨 생각을 하고 그랬는지 길을 찾겠다고 옆에 있던 산을 타기로 마음먹고 산 위로 올라가다가 또, 산길을 잃어버렸다. 그럴 때는 길을 잃어버린 자리에서 더 이상 전진하지 않고 다시 되돌아가서 확실한 길을 알고 가는 것이 좋은 방법이다. 그러한 방법을 생각지도 못한 채 길을 잃어버리고 한참을 산속에서 헤매고 있는데, 마침 멀리 있는 묘지가 보이는 것이다. 그때 묘지가 있으면 근처에 길이 있으리라는 직감이 왔다. '자손들이 산속에 묘지를 만들었으면 성묘를 하기 위해 길을 냈으리라.' 생각했기 때문이다.

아니나 다를까 헐레벌떡하며 묘지 가까이에 가 보니 묘지를 빠져나가는- 토끼가 다니는 듯한 -희미한 길이 있어 그 길을 따라가다 보니 제대로 된 산길에 다다를 수가 있었다. 산길을 못 찾아 헤매던 산이 높은 산이 아니어서 다행이었다. 이것 때문에 시간이 많이 소비되었지만, 무사히 경기도 양평 두물머리로 가게 되었던 기억이 있다.

평지에서 길을 잃어버리면 걷다가 만나는 사람이나 지나가는 자동차를 잠깐 세워서 길을 물어보면 일이 쉽게 풀릴 수 있지만, 산에서 길을 잃어버리면 '어떻게 되겠지…', 또는 '가다 보면 길이 나오겠지…' 하는 생각으로 계속 앞으로 걸으면 큰 낭패를 볼 수 있다. 자칫하면 숲속에 갇히게 되고 하루 종일 산을 헤매게 된다. 이럴 때는 산 아래로 내려가 계곡을 만나 계곡 아래로 내려가거나, 산 정상으로 곧장 올라가 전망을 살피면서 상황 판단을 하여야 한다.

산허리 중간에서 길을 찾으려 하는 것은 크게 어리석은 것으로 특히 숲이 많으면 십중팔구 길을 찾지 못해 조난을 당하기가 쉽다.

산속을 헤매다가 위를 쳐다보아 전기의 전선이 보이면 그 전선을 따라가되, 아래쪽으로 따라가는 것도 좋은 방법이다. 전선을 따라가게 되면 반드시 전기 철탑이나 전봇대를 만나게 된다. 철탑이나 전봇대에는 키 높이 정도에서 보면 지명 이름과 번호가 적혀져 있다. 그러면 119에 전화해 신고를 하고 전봇대나 철탑에 적힌 지명 이름과 번호를 알려주면 조난은 면하게 될 것이다. 철탑이나 전봇대가 설치된 곳은 한국 전력에 그것의 설치된 장소가 등록되어 있어 쉽게 찾을 수 있다는 얘기를 들은 적이 있다. 하지만 여러 방법 중에 평지나 산, 또는 계곡에서 길을 잃게 되면 더 이상 전진하지 말고 왔던 길을 되돌아가서 아는 길에서부터 다시 걷는 것이 내 경험으로 비추어 볼 때 가장 좋은 방법인 듯하다.

낙동강 1,300리 길을 걸으며

22일 차

삼량진에서 구포까지

22일 차,
삼량진에서 구포까지

📝 삼량진과 작원잔도

　밀양시 삼량진의 오래된 여관에서 하룻밤을 지내고, 새벽에 여관에서 라면으로 아침을 때우고, 오늘도 역시 여명의 시간에 여관에서 나왔다. 부산 양산까지 가고자 하는 마음으로 길을 재촉하였다. 강둑을 따라 어느 정도 걸으니 나무와 철빔으로 만든 데크로 걷게 되었다. 그런데 이 길은 다른 데크과는 달리 왼편으로는 높다란 절벽과 아주 가파른 산으로 계속 연결되어 있고, 거기에는 기찻길이 있었으며, 걷고 있는 발아래에는 검푸른 낙동강이 끝없이 이어졌다. 정말 색다른 기분을 느낄 수 있는 곳이었다.

'절벽의 기찻길이 1km 정도도 아니고, 족히 10리는 넘을 것 같은 위험천만한 절벽에 사람의 손으로 어떻게 기찻길을 만들었을까? 정말 신기하다.'라고 생각하면서 걸어갔다. 또한 걷다 보니 작원 잔도라고 하는 팻말을 볼 수가 있었다. 팻말에 작원 잔도에 대한 설명이 길게 쓰여 있어 이것이 무엇인가? 하고 자세히 읽어보았더니 영남대로 구간 중 잔도(棧道)라는 명칭이 붙은 곳이 있다. 이는 험한 벼랑에 암반을 굴착하거나 석축을 쌓아 도로를 내었는데 이 길을 조선 왕조 실록에는 잔도라 하였고, 이것은 작천잔 또는 양산 원동(봉산리)의 한 주막에서 밀양의 삼량진(더 정확히는 까치원, 혹은 간촌)에 이르는 벼랑길을 칭한다. 잔도라는 위험천만하고 아슬아슬한 길 아래에는 천 길이나 되어 보이는 듯한 짙푸른 빛을 띤 강물이 흐르고 있다. 이 길을 다닐 때는 모두들 마음을 졸이고 두려운 걸음으로 다닌다고 한다.

옛날 사람들이 말 그대로 산을 넘고 강을 건너다니며 이렇게 험하고도 먼 길을 한 발 한 발 조심스럽게 길을 재촉하며 '밤에 걷다가 찬이슬을 맞으며 꾸벅잠을 자기도 하였구나!' 하는 생각을 하니 그저 가슴이 먹먹해질 뿐이다. 또한 잔도에 대한 실체가 절벽 벼랑에 남아 있어 잔도를 나름대로 사진을 자세히 찍었는데 석축 위에 풀이 나있는 곳이 잔도이며, 그것이 생생히 남아 있었다. 절벽에 기차가 다니고 바로 아래에는 잔도라는 벼랑길이 남아 있으며 수천 깊이가 될 것 같은 검푸른 낙동강 위의 데크를 걸으니 한강 길을 걸을 때 생각이 난다. 여차하면 낭떠러지에 떨어질 수 있는 동강의 가파른 길을 낮은 포복으로 지나갔던 곳이 있었다. 또 낙동강의 상류인 봉화에 있는 원시 생태 비경 길에서 고생하였던 것이 새삼 생각이 난다.

📍 부산 양산과 호포국수

그렇게 기나긴 데크가 끝나고 낙동강 변을 걷다 보니 강변 곳곳에 갈대밭이 장관을 이루고 쉼터에 푸드 트럭이 있어서 시원한 냉커피를 한 잔하면서 잠깐 쉬었다 가기도 하였다. 갈 길을 재촉하며 낙동강 변을 계속 걷고 있는데 왼편 멀리에는 수많은 아파트들이 즐비하게 서 있는 것을 볼 수 있었다. 엄청난 아파트에 걸맞은 상권 시설과 도로가 설치되어 있다고 생각하니 '양산이 신도시로서 웬만한 도시보다 훨씬 규모가 큰 도시가 아니겠는가?'라고 생각한다.

그렇게 걷다 보니 양산 강변이 끝나는 강변도로에서 일반 도로로 올라서게 된다. 그리고 양산에서 내려오는 양산천 다리를 건너게 되면 호

포라는 곳이다. 다리를 건너 오른편으로 방향을 잡으니 호포 국숫집이 있어 유명하다는 국수를 먹고, 낙동강 하굿둑을 향해 가는 자전거 길로 빠른 걸음으로 재촉하니 화명이라는 동네를 만나게 된다. 강변을 따라 지나가게 되었는데 강변에 오토캠핑장이 드넓게 펼쳐져 있어서 이런 곳을 공유하고 있는 이곳 주민들이 부러워졌다. 구포에 이르러서는 오늘을 마무리하였다. 내일이 낙동강 트레킹이 마지막이 될 것 같아 내일을 위해 여유를 갖고 낙동강 하굿둑을 가자는 생각으로 모텔을 찾았다.

🖲 구포시장과 막걸리

　7시 30분쯤 늦은 저녁 시각에 저녁 식사를 할 요량으로 구포 시장을 찾았을 때 나는 조금은 당황스러웠다. 구포 시장이 이렇게 호황을 누리며 규모가 큰 재래시장일 줄은 꿈에도 몰랐기 때문이다.

　상당히 정겨운 느낌을 주는 시장이었으며, 낙동강 트레킹의 마지막 저녁 식사를 이런 데서 식사를 할 수 있다는 감사의 마음이 들었다. 마침 여러 종류의 부침개(전)를 파는 가게가 있어 그곳에 들르니 막걸리도 함께할 수 있다기에 가자미 전, 고구마, 오징어 등을 골고루 주문하고 더불어 막걸리도 함께했다.

50대 중반에서부터 걷기에 취미를 붙여 강릉 바우길, 포항 등 여러 길을 혼자서 다녔으며 죽마고우들과 강원도 고성 대진항에서 출발하여 부산 오륙도 앞바다까지 해파랑길을 2년에 걸쳐 함께 걸었다. 그리고 평생 잊지 못할 추억거리를 만들고, 무언가에 도전하고 싶은 마음에 한강과 낙동강을 완파하여 내일이면 트레킹이 끝날 것이다 생각하니 이곳에서 시장 바닥을 오가는 사람들을 바라보며 아무런 생각 없이 적당히 취해보고 싶은 욕심이 들었다. 막걸리 한 잔도 하지 않았지만, 피로감이 싹 풀리는 기분이다.

나그네

박목월

강나루 건너서
밀밭 길을
구름에 달 가듯이
가는 나그네
길은 외줄기
남도 삼백리
술 익은 마을마다
타는 저녁놀
구름에 달 가듯이
가는 나그네

🥄 녹두 부침개와 곰 비계

　우리나라 명절 때나 조상에게 차례를 지낼 때 그 지방마다 제사상에 여러 종류의 음식들 중에 빠져서는 안 된다는 음식이 한두 가지 정도는 꼭 있다. 그것이 상에 올라야 명절을 지내는 것 같고 제사상을 차리는 것 같은 기분이 드는 고유의 음식이 있다. 강원도에는 메밀전이 있어야 되는 것처럼 말이다. 이곳 경상도는 상어 고기, 일명 돔배기라고 하는데 영천 돔배기가 유명하다고 한다. 충청도는 생선포가 올라야 하고, 전라도에는 홍어가 있어야만 차례상이 제대로 됐다는 얘기를 들은 적이 있다.

　우리 부모님은 고향이 이북 평안북도이다. 우리집에는 명절 때나 제사상에는 반드시 녹두 부치기가 꼭 있어야 한다. 빈대떡이라고 널리 알려져 있는 녹두전은 초록색의 아주 작은 알갱이로 되어 있는 녹두라고 하는 콩으로 만든다. 이 녹두를 물에 불려 초록색 껍질을 제거하면 속은 노르스름한, 아주 엷은 노란색의 알갱이가 된다. 그 후에 껍질이 제거된 녹두에 쌀을 조금 섞어 이것을 맷돌에 갈아서 전을 부친다. 어머니께서는 녹두를 갈을 때 한 손은 맷돌을 돌리기 위한 맷돌에 꽂혀 있는 나무 자루(일명 이것이 어처구니라는 얘기를 들었다.)를 잡아 천천히 돌리고 한 손은 숟가락으로 불린 녹두를 맷돌 구멍에 집어넣는다. 맷돌이 멈추지 않고 돌아가고 있는 상태에서 녹두를 그 작은 구멍에 정확히 집어넣는 솜씨가 역시 수십 년을 해야만 가능한 기막힌 솜씨이다. 나도 그렇게 해보려고 여러 번 시도해 보았지만, 할 때마다 엉망이 되고 만다. 멈추어서 집어넣기 때문에 그만큼 늦어진다.

녹두전에는 비계가 많은 돼지고기와 배추김치를 물에 헹구어 꼭 짜서 잘게 썰어 대파와 마늘을 넣고 약간의 고사리와 숙주나물도 같이 썰어 모두 함께 버무려 소금으로 간을 한다. 어머니는 녹두전을 부칠 때는 식용유 대신 돼지비계를 사용하시곤 하였는데 그것은 옛날 방식이며 훨씬 감칠맛이 있었다.

1940년대 어머니가 이북에 계실 때는 돼지비계가 아닌 곰 비계로 전을 부칠 때도 몇 번 있었다고 하셨다. 어머니가 계신 곳은 이북 묘향산이 가까운 곳에 사셨는데 이웃에 곰을 잡으러 다니는 포수가 있었다 한다. 그때만 하더라도 묘향산에는 곰이 꽤나 서식하고 있었던 모양이다.

명절 때가 되면 부침개를 부칠 때 사용하시라고 꼭 두부같이 생긴 하얀 곰 비계 덩어리를 두 개 정도 보내 주셨다고 하셨다. 그리고 그것으로 녹두전을 부치면 훨씬 고소하다고 말씀을 하셨던 기억이 난다.

🖊️ 빈대

녹두전을 빈대떡이라고 한다는 얘기를 처음 들었을 때는 마음이 조금 상한 기분이었다. 내가 어릴 적에 빈대가 집집마다 꽤 있었다. 크기가 2, 3mm 정도 되는 납작하고 갈색의 빈대가 이불 따위를 넣어 두는 장롱 밑이나, 손이 닿을 수 없는 곳에 숨어 있다가 밤이 되어 사람이 잠이 들면 슬금슬금 기어 나와 사람을 물기도 하며, 피를 빨아먹기도 한다.

빈대를 처음 보았을 때는 징그러움에 소름이 쫙 끼쳤던 기억이 난다. 그래서 좋아하고 맛있는 음식을 하필이면 징그러운 빈대를 연상케 하는 말을 붙여 빈대떡이라 하니 지금도 빈대떡이라는 명칭이 마음에 썩 내키지 않는다. 그냥 '녹두 부치기'라고 하면 어떨까?

낙동강 1,300리 길을 걸으며

23일 차

구포에서 낙동강 하굿둑까지

23일 차,
구포에서 낙동강 하굿둑까지

🖊 청량한 산책길

낙동강을 걷는 여느 때와 마찬가지로 부산 구포의 모텔방에서 라면을 끓여 먹고 아침 일찍 나섰다.

강변 쪽으로 조금 가다 보면 자전거 도로 겸 산책길이기도 한 강변 둑을 만나게 되는데 조금 이른 시간이기에 직장에 출근하는 사람보다는 산책하는 사람을 많이 보게 된다. 산책길의 폭은 소형 자동차 한 대가 겨우 다닐 수 있는 폭이고, 길 양옆으로 소나무, 벚나무, 단풍나무 등, 여러 종류의 나무들이 즐비하게 들어서 있었다. 또한 나뭇가지들이 하늘을 가리는 아치의 형태를 까마득하게 이루고 있어 더없는 산책길이 만들어져 있었다. 이렇게 좋은 길이 저 멀리 낙동강 하굿둑이 가물가물하게 보일 때까지 계속 아치형 산책길이 이어져 있어 시간에 쫓기지 아니하고 길을 감상하며 천천히 걸으니 3시간 정도는 걸리는 듯했다. 내가 이곳 부근에 살면 하루도 빠짐없이 이 길을 걸을 수 있겠다는 감탄의 연속이었다. 나무들이 즐비하게 양쪽으로 서 있는 길에는 햇빛이 침투하지 못하고, 다만 나뭇잎 사이로 겨우 침투한 햇빛은 음과 양이 아주 뚜렷하고 선명하게 자국을 남겨 나의 눈을 청량하게 해주는 느낌이다.

✏️ 아~ 낙동강

이 길이 끝나면 나무와 철로 된 데크를 걷게 되는데 드디어 저 멀리 보의 형태를 갖춘 낙동강 하굿둑이 가물가물하게 보이는 것이다. 그 옆에는 을숙도가 있으며 빽빽이 들어서 있는 아파트가 보인다. 하굿둑을 보면서 데크를 걷는데 별다른 감정은 들지 않았다. 다만 그것을 보며 '낙동강도 이제는 영원한 안식처인 바다의 품으로 흘러가는구나.' 하는 생각을 하며 천천히 걷게 되는 것을 느꼈다.

　그 데크를 아주 천천히 걸으며 흐르는 것인지 정체되어 있는 것인지 구분이 안 되는 드넓은 낙동강을 눈을 떼지 않고 마지막으로 바라보았다. 졸졸대며 흐르던 물줄기가 격랑의 여정을 거치며 바다에 다다라 소멸되기까지 1300리의 강줄기와 함께 했다는 것이 과분할 정도의 보람과 잔잔한 감동이 나의 온몸을 감싼다. 다 타버린 종이의 재가 되어 훨훨 날아다니고 싶다는- 어머니께서 언젠가 말씀하신 -것이 생각이 나면서 느리게 걷고 있다는 걸 느꼈다. 아주 천천히 걷다 보니 낙동강 하굿둑에 도착하게 된다. 하굿둑 보 위에는 을숙도로 들어가게 되는 다리도 형성되어 있었다.

　　낙동강 하굿둑 보의 다리 위에 서서 바다와 낙동강을 번갈아 바라보
며 잠깐이나마 우두커니 서 있었다. 이제는 강을 완파하는 고생스러웠
던 트레킹은 더 없을 것 같다. 그저 나의 머릿속에는 희미하기만 한 수
평선엔 파란 하늘은 한 점도 보이지 않고 회색의 뭉게구름만 꽉 차 있는
것 같았다. 아무 생각 없이 고개를 떨구고 다리 밑을 멍하니 쳐다보면서
한강, 낙동강을 중얼거려 보았다. 그러면서 전라도의 섬진강과 영산강은
자동차로 돌아보아야겠다는 생각을 하면서 강원도에 있는 집으로 돌아
가기 위해 부산역을 향해 발길을 돌렸다.

백두 대간

지하 깊숙이

흐르던 물이

용솟음치듯

세상 밖을 나와

1300리

메마른 대지 위에

생명수를 뿌려 주며

자연을

숨 쉬게 하고

유유히 흐르면서

때로는

거칠게 요동치며

산허리를

깎아 먹고

거대한 바위가

가로막으면

거침없이

밀쳐 내며

비껴가기도 하면서

아무런 일이 없었던 듯이

피곤함을

감추며

장대히 흐르다

영원히 쉬려고

바다의 어머니

품에 안긴다.

에필로그

낙동강 1300리 길을 마무리 하며

낙동강을 걷게 된 것은 특별한 계기가 있어서 걸은 것이 아니다. 내가 살고 있는 태백에 낙동강과 한강의 발원지가 있었고, 나이 60을 넘었지만 무엇 하나 반듯한 것 없이 그저 그렇게 무의미한 세월만 지낸 것 같은 생각이 오랜 시간 계속해서 밀려 왔다. 그러던 와중 12~13년 전에 느닷없이 며칠을 걸어 보아야겠다는 생각이 들었다. 태백에서 강릉까지 무작정 걸어 보아야겠다는 결심이 서서 한여름 햇빛이 쨍쨍 내리쬐었지만 직장에 3일을 휴가를 내어 출발하게 되었다.

떠나는 아침에 비가 억수같이 쏟아졌지만 포기할 수 없었기 때문에 1회용 비닐 우비와 우산을 쓰고 출발했다. 걷는 중 소낙비가 쏟아졌다가 갑자기 햇빛이 나고 하는 날씨가 반복되었지만, 저녁에는 모텔을 찾아 나서고 아침에는 걷고 하여 끝까지 걸을 수 있었다.

이렇게 걷기 시작한 것이 취미가 되어 버렸다. 그로부터 매년 직장에

서의 모든 휴가를 내어 걸었던 길이 강릉 바우길이나 강원도 호산 삼거리에서 포항까지 해변과 도로를 반복하며 4일을 걸었던 길 등, 여러 길을 걸었으며, 특히 죽마고우인 중 고등학교 동창들 5~6명이 해파랑길을 2박 3일씩 1년에 다섯 번 정도 시간을 내어 남한 최북단 항구인 고성 대진항에서 출발하여 부산 해운대 오륙도 앞바다까지 770km, 약 1,900리를 걸었다.

유년 시절을 같이 보냈던 친구들과 함께 걸으며 개구쟁이 때의 행동을 하면서 농담과 진담을 서로 주고받으며 화가 아닌 화를 내다가 바로 얼굴을 마주 보며 크게 웃기도 하였으며, 힘들 때는 "조금만 더 가면 도착지에 도착하니까 조금만 참아." 하면서 서로의 격려도 아끼지 아니하였다. 도착지에 가서는 그 고장의 음식과 더불어 소주잔을 부딪치며 이보다 더 즐거울 수 없을 법한 시간과 이야기를 나누며 그날의 피로를 풀었던 것이 평생 잊지 못할 추억이 되었다.

또한 환갑의 나이가 지나 62세에 한강 1,300리 길을 걷게 되었으며 64세에는 더 나이 들기 전에 마지막으로 낙동강을 완파해 보자는 욕심에 2박 3일, 또는 4박 5일을 건강에 해치지 않도록 조심스럽게 걸어 2년 여에 걸쳐 부산 낙동강 하굿둑까지 걷게 되었다.

걸으면서 강줄기를 따라 걷다가 길이 갈라지거나 삼거리 등이 나타날 때는 올바른 길을 갈 수 있도록 그 고장의 낙동강 풍경과 더불어 사진도 찍고 약도를 메모해 놓기도 하였다.

또한 이렇게 해 놓은 것이 한강과 낙동강 걷기를 도전하고자 하는 분들에게 조금이나마 도움이 되고자 하는 마음에 책자를 내 보고 싶은 욕심도 났었다. 그렇기에 강과 산이 허락하는 한 강줄기를 따라가는데 충실히 걸어 보자는 생각을 하게 되어 길이 없는 가파른 산을 넘기도 하고 강물을 건너기도 하였으며, 강을 옆에 끼고 산을 타게 되면 걷는 발아래

에는 거의 낭떠러지 수준인 곳이 허다하여 이러한 곳을 지나갈 때는 거의 엎드리다시피 하는 낮은 포복으로 기어가며 나뭇가지와 깊숙이 박혀 있는 풀을 잡으며 걷기도 하는 등, 엄청나게 고생하는 길도 있었지만, 한강과 낙동강 모두를 완파하고 나니 나름대로 상당한 보람을 느낀다.

낙동강 길을 걸으며 돌아가신 어머니 생각이 많이 났었다. 일제 식민지 시대와 6·25 전쟁으로 인한 환란의 시대에 태어나 한 번도 벗어 나지 못 했던 고향 땅을 버리고 19세의 나이에 혼자서 이북에서 일가친척이라고는 한 명도 없는 남한 땅으로 내려오셨다. 몹시도 심한 외로움 속에서 연속된 몸과 마음의 고통과 가난의 세월 속에 가슴앓이만 하시다가 돌아가신 어머니의 삶에 이 책을 통하여 진심으로 엎드려 위로의 말씀을 전하고 싶다.